動物園ではたらく

小宮輝之

イースト新書Q

Q035

はじめに

私は1972年4月に多摩動物公園に飼育係として採用され、以来、上野動物園、井の頭自然文化園で飼育の仕事を中心に働きました。子どものころからのあこがれの職場で働くという幸運に恵まれて40年の月日を過ごせたのです。

私が飼育係になったころ、動物園の役割は「教育」「研究」「レクリエーション」「自然保護」の4つであると習ったものです。しかし、まだまだ当時の動物園は、世間からは遊び場のひとつやレジャー施設として見られていたと思います。

いまは4つの役割は「種の保存」、「環境教育」という分野にも発展し、力を入れていますが、レクリエーション機能が弱まったわけではありません。動物園では生きている動物を見ることができ、映像や書物からは得られない実物の臨場感を楽しめます。動物に関する知識や、絶滅の危機にある動物の存在や保全についても知ることができます。

しかし、大部分の人々は楽しさやおもしろさを求めて、動物園を訪れるのです。動物が元気で幸せそうでないと、見ている人々はつまらない気分になってしまうでしょう。いきいきとした動物たちは、楽しさというレクリエーション機能をより高めてくれます。

楽しい動物園を演出するためには研究機能や教育機能が密接に協力し、飼育展示にいかされなければなりません。その成果は、稀少動物の保全にも貢献します。半世紀も前に習った4つの役割は、絡み合い協力しあって、いまも基本の機能として存在し続けています。

多摩動物公園の久田迪夫《みちお》園長の言葉がいつも私の頭の片隅にありました。園長が就任されてすぐに、「小宮君、楽しくなければ、動物園じゃないよ!」と言われたのです。

久田園長は魚類の専門家で、動物園水族館界では学究肌の人物として知られ、現場の飼育係であった私としては、近寄りがたい存在と感じていました。固い人物とばかり思っていた久田園長からのこの一言は、動物を飼うことに夢中になっていた私のもやもやしていた気持ちを払拭してくれました。それ以来、動物も楽しく、お客さんも楽しく、職員も楽しい動物園をモットーにしてきたのです。

「動物も楽しく」は、飼育係の腕にかかっています。そこが、他の職業と飼育係の働き方の大きな違いかもしれません。飼育係はときとして、動物にとってストレスになることがあります。飼育している野生動物が安心して暮らせるのは、動物たちが飼育係を自分の生きる環境として受け入れたときのように思います。

「お客さんも楽しく」を実現するには、動物が人前に出るのをいやがったり隠れたりしてしまわないように、いろいろな工夫をしなければなりません。「職員も楽しく」は自分が休日のとき、だれが世話をしても怖がったり暴れたりしないような飼育が必要なのです。

徳川将軍家の鷹匠は、だれの腕にもおとなしく止まり、獲物を見つけたら飛び立つようにタカを調教しました。鷹匠にしかなついていないタカは将軍の腕で暴れてしまい、将軍の鷹狩には使えないからです。私はだれもが扱え、お客さんも楽しめ、動物たちもストレスを感じない飼い方をできるのが動物園という組織での飼育係としての理想だと思います。

今年の9月1日、「逃げ場所ないなら動物園に」という上野動物園のツイートが広く拡散されました。共感を示す「いいね」は午前中だけで9万5千件を超えたそうです。内閣府の調査では18歳以下の自殺率が新学期のはじまる9月1日が最も多いのです。

私もコメントを求められ、東日本大震災の翌日のことを話しました。あの日の入園者は、一人で動物たちを眺める、帰宅難民となった大人の姿ばかりでした。ぽつんと一人背広姿でたたずむ人々は、動物たちを見て、なにかホッとしているように見えたのです。

動物園に第5の役割があるならば、人の心を癒し笑顔にすることではないかと思います。

動物園ではたらく●目次

第2章　飼育係長の仕事（上野動物園・井の頭自然文化園飼育係長時代）

第3章 飼育課長の仕事（多摩動物公園・上野動物園飼育課長時代）

第4章 園長の仕事（上野動物園園長時代）

第1章

飼育係の仕事（多摩動物公園飼育係時代）

なんでもやります！　見習い期間

私が多摩動物公園に飼育係として就職し、最初に配属になったのは、飼育課衛生第一係です。衛生第一係とは飼育課全体の庶務的事項を担当する係で、動物の入手や搬出、えさの調達から、動物の解説板の管理などさまざまなことを担当していました。

当時は現在の教育普及課のような教育や広報担当の部署もなかったので、夏のサマースクールや催しなども衛生第一係が手掛けていました。飼育課のなかでどこにも属さない仕事をしていた、いわば飼育課内雑用係でもあったわけです。

当時の、衛生第一係長は小森厚さんでした。私は中学生のときに、科学好きの生徒を集めて行なわれていた文京区の科学センター授業を受けていました。その授業が上野動物園で行なわれたことがあり、そのときの先生だったのが小森さんです。子どものころの愛読書は動物図鑑で、1冊は上野動物園の古賀忠道園長、もう1冊は多摩動物公園の林寿郎園長の図鑑でした。大事にしていた2冊の動物図鑑は、両方とも小森さんが著者に名を連ねていました。将来、動物園の飼育係になりたいと思っていた私にとっては、あこがれの著者と、直接お話しすることができ、感激したものです。大学生になり、多摩動物公園でのアルバイトも小森さんのもとで、衛生第一係でサマースクールの手伝いでした。そして、就職したときも、最初の上司が小森さんだったのです。

衛生第一係があるのだから、衛生第二係もあったわけですが、第二係の方は獣医さんのいる動物病院なのです。動物たちの衛生を第一に考えなければならない動物病院に衛生第二係とは不思議な名を付けたものだと思いました。もともとこのふたつの係は衛生係というひとつの係でした。動物公園は東京都の所属で、組織が大きくなってふたつに分けるとき、仕事の内容よりはお役所の習慣に従い、無難な分け方をしたのでした。

最近では採用後いきなり飼育現場にまわされる人もいますが、当時はまず、この雑用係でもある衛生第一係の所属になるのが普通でした。ここにいるあいだに働きぶりや性格などを上司や先輩飼育係が観察しているわけです。そしてどの仕事、動物が合いそうか、見ていて配属先が決められていました。

私にとっては、あとから思い返すとこの見習い期間は、大変にありがたい時間を過ごしたように思いだされます。なぜなら、担当が決まるまでの3か月間にわたり、各係、各班をすべて実習することができたからです。

当時の飼育課には実際に動物を飼育している係が3つありました。南園飼育係は日本とアジアの動物を飼育する係、北園飼育係はアフリカの動物を飼育する係、それに昆虫飼育係の3係です。

私は実習期間を終え、南園飼育係に配属されたので、キリンやライオン、チョウ、バッタの飼育というのは、このときしか経験していません。見習い実習期間中に飼育課に属するすべての動物の世話をすることができ、先輩たちの仕事に接することができたのです。

スター動物より、安い動物

実習期間を終えて7月には南園飼育係に配属になり、日本産動物と家畜の担当になりました。担当が決まったときは、前任者が腰を痛め、30kgもある干し草の束や20kgもあるペレットのえさ袋を持ち上げられなくなったためと告げられたのです。

最初の担当は私にとって、ぴったりの仕事で、その後40年間の動物園人生で、ずっと引きずってきた中心テーマになりました。振り返ってみると、やはり実習中に適性を見出してもらっていたのだという気がします。

よく、「小宮さんの最初の担当動物は？」と聞かれますが、「安い動物たちをたくさん飼っていました」と応えています。一番の大物はヒグマ3頭で、日本熊舎にツキノワグマ2頭、キツネ11頭といっしょに飼われていました。ししが谷と呼ばれていた広い放飼場にはイノシシが17頭、ヤク2頭、ロバ4頭、ヤセイシチメンチョウ2羽、ヤクシカ45頭、もう一か所の鹿舎にヤクシカ16頭と園内放し飼いのヤクシカ約30頭、山羊舎のヤギ13頭と、とにかくたくさんの「安い」動物の世話が最初の飼育係としての仕事だったのです。

この年は上野動物園にジャイアントパンダが来た年です。パンダ、ゴリラ、ゾウなどのスター動物の担当になった新人は、動物たちを自由に扱うことはできません。スター動物の飼育係になった人、たとえば類人猿の担当になってすぐ辞めた人もいました。

ゴリラやチンパンジーに認められずに、こんなはずではないとショックだったのでしょう。パンダ担当だったら自分のやりたい工夫などはまずできず、班長さんの顔色を見ながら、決められた作業の毎日です。

ゾウの飼育係も命にかかわることがありますから、最初の一年間は掃除だけで、ゾウに触れることもできません。ゾウやチンパンジーは、動物たちの方が担当者として認めてくれるかどうかが大事なのです。わりと早く動物から受け入れられる人もいますが、いつまでたっても認められない人もいるのです。

安い動物担当だった私は、新人なのに最初から好きなように飼っていい、と任されていました。いまでは考えられないような多くの種類と数だったので、最初の1年間で動物の誕生から死まで、あっという間に経験させてもらいました。

生まれても死んでも、記者会見などさせられることのない動物たちでしたから、思う存分飼育にチャレンジできたのです。安い動物などというと、ずいぶんと動物たちに失礼なことをいう奴だと勘違いされそうです。いまでも、私を育ててくれた彼らに敬意を表して、そう呼ばせてもらっています。

包丁さばきは板前クラス

飼育係が朝、作業服に着替えて最初にするのは、動物たちのえさの準備です。園内は広いので、えさ配達トラックが出るまでに、自分の世話をする動物のえさを調理場で用意します。私の担当は事務所のまわりにいる動物が多かったので、トラックにのせる必要のないものは直接、倉庫や冷蔵庫から自分でえさをもって動物舎に行きました。

肉食動物のえさとなる馬肉やニワトリの頭は、前の日の夕方から解凍するために冷凍庫から出して置いてあります。ライオンやトラなど大きな動物には大きく、タヌキやキツネなど小さな動物には小さな塊に切りとります。ライオンだと馬肉を中心に、1頭で1日に5～7kgのえさを与えます。

私が就職したころはまだ鯨肉も使われていましたが、いまでは鯨肉は高級品なので、馬肉を使っています。馬肉は、オーストラリアやブラジルからの輸入品で、南米からの馬肉はライフルの弾が入っていることがありました。南米では広大な牧場で、ライフルで撃ちとり馬を回収するようです。

えさには魚を使うこともあります。おもに鳥が食べるのですが、鮮度が落ちにくく形の崩れないアジをよく使い、入手できなかったり、高かったりしたときは、サバを使うこともありました。ペリカンだったらそのまま食べさせますが、ツルの雛には、三枚におろして身だけを細かく切り刻んでやります。

調理場には魚をおろす出刃、肉を切る牛刀、小松菜やキャベツを切り刻む菜切りの3種の包丁が、よく砥ぎすまされてならんでいました。ベテランの飼育係の包丁さばきは板前さん並みですが、はじめのころは、だれでも一回や二回は手を切り、私も何回か痛い思いをしました。包丁の砥ぎ方も見様見真似で覚えました。

野菜や果実は、サルやゾウなどには、そのまま大きめに切って、よく洗って与えます。シカやカンガルーなどには、喉《のど》に引っかからないように、薄く切ってやらなければなりません。いっぺんにたくさんの野菜を切るときは、包丁を使わずに、学校の給食を作るのと同じ器械で、一度に切ることもありました。

私の担当のシカ、ヤギ、ヤク、ロバなどの草食動物には、春から夏にかけては、毎朝、牧草地や河川敷から運ばれてくる青草を与えます。秋から冬は北海道から購入する干し草を食べさせました。

干し草の四角い束は30kgあり、しっかりしたタイヤの付いたキャリアーで運び、草架けと呼んでいる、放飼場に設置されている草食動物が食べるための草を架ける鉄製のかごに、両手で持ち上げて架けます。これが、結構腰に負担になる仕事でした。飼育係の職業病のひとつが腰痛で、もうひとつは長靴の常用からくる水虫なのです。

草食獣たちには、草以外に草の粉末や穀類、栄養素などをミックスして固めた草食獣用ペレットも与えます。このペレット袋も20kgの重たいものでした。ニホンカモシカは常緑樹の葉が好きで、食欲がないときや軟便になったときには園内で調達できるアオキの葉を与えていました。山に棲むカモシカ本来の主食である常緑樹の葉は、カモシカの健康維持に大切なえさだったのです。

園内にはアオキがたくさん生えていて、カモシカのために植えたものもありました。いつもはペレットと少量のスライスした根菜も与えているのですが、病気のときや産後などには、アオキをたくさん与えました。園内からの供給には限りがあるので、いざというときの非常食としてアオキは大事で、重宝な飼料だったのです。

アオキに限らず、園内の樹木の葉や小枝は、いろいろな動物のえさになりました。昆虫係も園内から幼虫の食草を探して使っていましたから、園内では木に害虫がついても、農薬を使うことはできません。

昔、ヤマダカレハというガの幼虫が大発生して雑木林に広がったことがありました。このときは飼育係ばかりでなく、職員総出で、手に割り箸を持ち、保護色で見つけにくい剛毛の生えた毛虫を、一匹ずつつまんでは、退治したものです。

雑食のイノシシには、ペレットにジャガイモ、サツマイモ、それに動物質として鶏頭《けいとう》を食べさせていました。鶏頭は安価で栄養豊かなえさで、キツネやタヌキなどの小型の肉食獣の主食です。クマのえさは煮たサツマイモとジャガイモにフスマとヌカを混ぜたものでした。セメントをこねるときに使うような木製の舟に煮芋をあけ、フスマとヌカを振りかけて、角スコップでイモを潰しながら混ぜるのです。

クマビスケットをつくる

クマの担当になってしばらくして、えさの採食量と糞の量をずっと量ることになりました。何か研究をしようと思ったわけではありません。当時、クマに与えるイモを煮る大釜にひびが入りつつあり使えなくなりそうでした。五右衛門風呂みたいな釜で、もう買おうと思っても見つけるのが大変だし、高くてお金もかかるからと、小森さんからクマの人工飼料を作れという業務命令を受け、そのために計量をはじめたのです。

クマ用人工飼料の完成までにほぼ1年かかりました。人工飼料を作るならどんなものを食べるか、期限切れでまわってくる災害用乾パンやサル用固形飼料、イヌ用ソーセージなどいろいろなものを実験的に試しました。

クマは雑食動物なので、結構なんでも食べてくれます。最初に完成したクマビスケットは小麦粉が3分の2の量で、ほかに12種類の原料を使いました。ビスケット状に焼くためには小麦粉を主体にしなければなりません。よく食べてはくれたのですが、糞が軟便になるのと、小麦粉を使い焼くため高価になってしまいました。

軟便対策として繊維を増やしたクマビスケットを試作、さらに試行錯誤して、完成にこぎつけました。結局、人工飼料は、割合の多い順に小麦粉、魚粉、脱脂大豆、ピーナッツミールなどをはじめ、16種の原料を使って完成しました。

このクマビスケットを与えるようになってからクマたちがよく繁殖するようになりました。イモなど自然物そのままのえさは、一見自然食と勘違いされがちです。自然界で幅広いえさを食べているクマにとっては、自然物飼料は栄養的には偏った人工食、すなわち不自然食だったといえるでしょう。

形は人工的でも16種の原料で作ったビスケットの方が、栄養的には自然食に近かったのです。竹や笹が主食のパンダのように限られたものを食べている動物に比べ、雑食で幅広い食物を食べているクマとなると必ずしも自然食に頼るのが良いわけではないのです。

このクマビスケットは、いまは焼く手間を省き、プレスで固め、より安価になり、日本じゅうの動物園で使われています。半世紀ほど前、五右衛門風呂並みの大釜にひびが入らなければ、できなかった人工飼料というわけなのです。

クマビスケットは栄養的にすぐれていましたが、クマたちの食べる楽しみを奪ってしまったと感じました。クマだって、食べる楽しみは欲しいはずです。現在ではクマの種ごとの食性に合わせ、クマビスケットをメインにして献立を工夫するようになりました。

動物食の強いホッキョクグマには馬肉、果実を好むマレーグマにはリンゴやミカン、ヒグマには魚やソーセージ、ツキノワグマにはイモや小松菜、それに園内で伐採された木の葉、秋にはドングリなども添えるという配慮です。

最近の上野動物園のツキノワグマは冬に冬眠させていますから、3か月ほどは自然界と同じように絶食しています。絶食も、クマの生理に合ったメニューです。冬眠中に2割ほど体重は減りますが、冬眠させない動物園のクマがみんなメタボなことを思えば、絶食もクマには大事なのです。ツキノワグマは自然界では冬眠中に出産しますが、上野でも冬眠中に出産し子が育ちました。

一番緊張した動物

新米飼育係にとって、毎日の仕事で一番緊張したのは、クマ舎でした。クマ舎には5頭のクマがいました。強い順に、ヒグマのオス「タケ」、メス「センダイ」と「タカ」、ツキノワグマのオス「アヤ」と「コサン」です。

毎朝、クマたちのえさの準備が終わると、それをバケツに入れて、クマ舎に向かいます。できるだけ同じ時間、決まった時間にクマ舎に行くことが大事でした。動物のなかには、いつも通りの時間に飼育係が来ないと不安がるものがいます。クマたちも時間と足音で、私がやって来るのを知り、不安な思いをしないですむのでした。

クマ舎に近づくと、必ず「タケ、おはよう」「コサン、起きてるか」と、一頭ずつの名前を呼んで、クマたちを安心させるようにしました。ちなみにコサンは丸顔で落語の柳家小さん師匠似だったので付けた名だと先輩から教わりました。

クマ舎に着くと、1頭ずつ外の放飼場に出して、寝室の掃除をします。寝室からクマを外に出すなんて簡単そうですが、順番を毎日決まった通りにしてやらなければなりません。一番弱いコサンから順番に出してやります。

うっかりこの順番を間違えてしまったことがあります。コサン、アヤと出していって、次にタカを出さなければならないのにセンダイを先に出してしまいました。

すると、タカはおびえてしまって、外に出ようとせず、センダイの方も、意地悪く入り口の近くに立って、「ウーウ」とうなりながら、待ち構えています。

動物が外に出ないときによく水をかけますが、クマは水が大好きですから、ホースで水をかけると、逆に喜んでしまうのです。鉄棒でおしりをついても、ヒグマの巨体には効き目がありません。

仕方がないから、蜂蜜などの好物でおびき寄せ、それでもだめなら根気よく待つしかありません。とにかく、いつもと違うことをすることは、絶対に避けなければなりません。動物を不安にするばかりでなく、作業の時間も手間も倍以上かかってしまうのです。

クマたちを放飼場に出すと、寝室の様子を見まわします。えさの食べ残しはないか、血が落ちていないか、糞は柔らかくないか、寄生虫が出ていないか、などを確認します。

もしなにか異変があれば、すぐに動物病院や飼育係長に知らせます。寄生虫が1匹でも見つかったときは、獣医処方の駆虫剤を蜂蜜に混ぜて確実に飲ませます。1匹寄生虫が出るということは、すでに体内にはたくさんの寄生虫がいます。次の日の朝にはまちがいなく、たくさんの寄生虫が糞に混ざって出ていました。

何も変わったことがなければ、糞やゴミを取り除き、床を水で洗い流し、壁もデッキブラシでこすり、水を流します。ここまでしておいてから、クマ舎をいったん出て、ほかの動物のところに向かい、同じように掃除や世話をします。それからまたクマ舎にもどると、床は乾いているので、朝作ったえさを、寝室ごとに配っておきます。

夕方が近づくと、動物を寝室にしまわなければなりません。私の担当では、ヤクシカやヤギなどの草食獣やイノシシは寝室にしまわず、夜も放飼場で過ごします。クマやライオンなどの猛獣は、夜は寝室に収容しなければなりません。もし、夜間に地震などで放飼場のまわりの樹木が倒れたり、放飼場の壁が崩れたりしたときのことを想定して、猛獣は必ず寝室に収容しているのです。

クマそれぞれに部屋が決まっているので、間違えないように入れなければなりません。入れる順番にも気をつけてきちんとやらないと、なかまのえさを横取りしたり、けんかをはじめたりと、大混乱になるからです。

クマたちは、閉園のアナウンスが流れ出すと、ちゃんと放飼場の出入り口に来て並んで待っていました。一番強いヒグマのタケが先頭で、入れるのが少しでも遅れると、「ドーン、ドーン」と扉を叩いて、催促します。朝とは反対に、強いクマから中に入れます。寝室にはえさがあるから、いつもは簡単に入っていきます。

しかし、ゴールデンウィークのときのようにお客さんが多いと、食べ物をたくさんもらっているので、なかなか入ろうとしません。夏の暑い日も入るのをいやがります。こんなときは大好物の蜂蜜などで、誘って入れました。猛獣を出したままでは、飼育係は帰れないのですから、とにかく入るまで待つしかありません。

全部のクマを寝室に入れたら、放飼場の掃除に取りかかります。糞やお客さんの投げたゴミ、ミカンの皮やポップコーンの袋など、いろいろなものを取り除きます。春なら、クマの抜け毛も集めなければなりません。体を壁にこすりつけて、毛を落とすので、大量の抜け毛が落ちているときがあります。

抜け毛をそのままにして水洗いをすると、そのうち必ず水はけのパイプが詰まってしまい、糞尿だらけの汚れた水が逆流してしまいます。こうなると、詰まったパイプの掃除をしなければならず、汚れた水を浴び、散々な目に遭うはめになります。

動物は、いつかは必ず死にます。自分の飼っている動物が死ぬことは、飼育係にとって大変悲しいことです。自分の家族より長く付き合った動物だっているのですから。死んだ原因が自分の失敗だったときには、とても恥ずかしい気持ちになります。しかし、飼育係なかまで最も恥ずかしいことといわれているのは、動物の死ではありません。動物を逃がしてしまうことなのです。

クマ舎には全部で30個も鍵が付いていました。7つの寝室に3個ずつ。運動場の出入り口に4個。通路の出入り口に2個、クマ通路の中仕切りに2個、そしてクマ舎全体の出入り口に1個です。この30個の鍵の1個1個に対して、駅員さんが電車に向けてするように指差確認をして、ちゃんとかかっているのを確認してから、クマ舎を離れました。

ヤクの大脱走

「リリーン、リリーン」

ある朝早く、枕元の電話が鳴りました。「こんな時間にだれだろう」と思いながら、動物園でなにかあったに違いないと、嫌な予感が頭をよぎりました。

電話は園内の公舎に住んでいる小森飼育係長からでした。

「ヤクが道路を歩いているぞ」

チベットの家畜ウシであるヤクは私の担当です。飼育舎の外の園路を歩いているということは、私が逃がしたことになります。一番電車に乗りながら、いったいどうして逃げ出したのかと首をひねりました。鍵は確かにかけたはずでしたから、もしかすると扉のかんぬきのかけ方がいいかげんだったのかもしれません。ヤクが、角をかんぬきに引っかけて外している光景が目に浮かびました。

動物園に着くと、すでに何人かの飼育係がヤクの角にロープをかけて引っ張っていました。私は恥ずかしく思いながら、いっしょにロープを引っ張りました。

この失敗は、私が飼育係になって3年目のことでした。仕事に慣れてきたのが、油断に繋がったのです。こういう油断は、ライオンやクマのような猛獣舎ではありえません。猛獣の鍵をかけ忘れたりしたら、真っ先に襲われるのは自分自身なのですから、いつも緊張しています。ところが、ヤクのように家畜でおとなしい動物だと、ついうっかり油断してしまうのです。

ヤクの脱走があってから、私は動物舎の鍵やかんぬきに対して、気にしすぎるくらいに用心するようになりました。一日の最後の仕事、飼育日誌の記入を書き終えてから、もう一度、鍵をかけたか気になりだし、確かめに行ったことがよくありました。帰りの電車の中で気になって、また動物園に戻ったこともあったほどです。

多摩動物公園では、動物を檻の中ではなく、自然に近い広々としたところで飼育しています。トラやクマのような猛獣も、堀を隔てただけで見ることができます。

ヤクシカは高さ1mの柵で囲われた放飼場で飼われています。放し飼いのヤクシカを追っていて、高さ2mのフェンスを助走なしで跳び、ツルの放飼場に入り、ツルが気づくまもなく、また跳びだす場面に遭遇したことがあります。

ヤクシカが高さ1mの柵を跳び越して逃げないのは、放飼場の中にいた方が安全なことを覚えたからです。人のたくさんいる園路は、ヤクシカにとっては未知の恐ろしい場所なのです。だから、柵を高くする必要はなく、こういう柵のことを『心理柵』と呼んでいます。いわば、動物の心の動きを利用した柵なのです。

心理柵も効き目のなくなることがありました。小型カンガルーのワラビー放飼場に木陰を作ってやろうと、植木を運び込みました。すると、これまで決して飛び越さなかった柵を、簡単に跳び越してしまったのです。

ワラビーもヤクシカと同じで、跳び越す力は持っています。いつもは、放飼場の方が安全だと知っていたので、逃げませんでした。ところが、いつもと違う様子、突然背の高い植木という得体のしれない固まりがごそごそと運び込まれたことに驚いて、持っている跳躍力を発揮してしまったのです。

「高い動物」に役立てたこと

出勤すると、門から上り坂を飼育事務所に行きます。その園路沿いに担当動物たちがいたので見回りながら飼育事務所に向かうのが常でした。飼育事務所の前にある簡単な柵で飼われていたヤギ小屋を見て事務所に入ります。

12月の寒い朝、ヤギ小屋の前で弱々しいヤギの声が聞こえてきました。のぞきこむと四つ子の子ヤギが生まれていて、3頭は立ちあがって母親の乳を飲んでいました。ところが、一番小さい1頭は、立ちあがることができず、乳も飲めないでいたのです。

このままでは弱って死んでしまうかもと思い、先輩の目沢康生さんに相談すると、すぐに事務所に連れてくるようにいわれました。目沢さんは事務所のストーブの前で、弱った子ヤギの体を布でこすりはじめます。そして、黙って私に布をわたしました。

私は目沢さんと同じように、子ヤギのマッサージを続けます。体が温まったところで、温めた牛乳を哺乳瓶に入れて飲ませました。おなかがいっぱいになると元気も出てきて、「メェー」と鳴いて立ちあがったのです。

そのうちに歩きだしたので、急いで母親のところに返しました。母親の乳、特に初乳には、病気に強くなる成分が含まれていますし、栄養もたっぷりですから、何とか飲ませなければなりません。

ヤギとしてのルールを覚えるためにも、母親のもとで兄弟といっしょに育つのが一番いいのです。飼育係が子どもを育てるのは、親が死んだときなどやむを得ない場合だけです。どんな動物も子どもが生まれると、母親は一生懸命子の体をなめて、出てきた胎盤も食べてしまいます。草食動物のヤギが、胎盤を食べるなんて、信じられないかもしれません。これは野生のころのなごりで、血の臭いのするものを無くしてしまうことで、子どもを肉食動物から守ろうとするのです。

このヤギでの経験は、のちにもっと「高い動物」の世話で役に立ちました。特別天然記念物のニホンカモシカが5月に生まれたのですが、雨の日で寒く、子はよたよたしていて、母親の乳首に吸い付けないでいたのです。

その日、カモシカの飼育係は「代番」の私でした。本番担当者が休みの日、代わりに世話をしていたのです。本番は、ヤギのマッサージを教えてくれた目沢さんです。

カモシカの子を見ていて、冬に生まれたヤギの子を思いだしました。子を母親から取りあげて、事務所にもっていくと、ヤギの子のときと同じように布で拭いてマッサージをしました。温まり、毛も乾き、しっかりしてきたので、牛乳を温めて飲ませます。

しばらくして、元気になり、歩けるようになったので、母親のところに戻しました。

あの物語の動物を創る

多摩動物公園のヤギの前で、

「これがヤギなの？　白ヤギさんでも黒ヤギさんでもない茶ヤギさんだね！」

という子どもたちの声をよく耳にしました。

多摩のヤギは少し変わっていて、茶色い毛に背中と肩に十文字の黒い斑があります。牧場で見られるような白いヤギは、野生の「原種ヤギ」であるノヤギから人為的に創られた「家畜ヤギ」です。多摩ではこのノヤギに似たヤギを創りだし、飼育しているのです。

原種創りの切っ掛けになったのが、「ガポー」という名で呼ばれていたヤギがやってきたことでした。「家畜ヤギ」が人の手を離れて再野生化したもので、東京水産大学がガラパゴスから持ってきたのでした。

もともとは上野動物園の子ども動物園で飼われていたのですが、よく柵を跳び越えて逃げ出して、猿山に飛び込んで平然とサルといっしょにえさを食べていたそうです。すばらしい身体能力をもつヤギなのですが、狭い上野では飼いきれなくなり、困ってしまい、多摩に送られてきたのです。

多摩で飼育されている復元ノヤギ

そこで、小森さんが「せっかく飼っているのだから、この血の入ったヤギを使って、ノヤギの形質に近づけたヤギを創ってみないか」と発案しました。

この取り組みを聞き、私はぜひ、やってみたいと思いました。というのも、1973年に初めてヨーロッパに行って、ドイツのハーゲンベック動物園でガポーにそっくりなヤギを見たことがあったからです。

そのヤギは、ネームプレートを見たら、「ロビンソークルーソーのヤギ」と書いてあるではないですか。ロビンソークルーソーの物語はアレキサンダー・セルカークというモデルがいて、舞台になった島は太平洋のチリ領ファンフェルナンド諸島のマス・ア・ティエラ島です。この島はいまではロビンソンクルーソー島と呼ばれています。

その後、チリのサンチャゴ動物園でもロビンソークルーソーのヤギを目にしました。16世紀、フェルナンド諸島にヤギが放されて、ここで増えたと書いてありました。さらに、1704年に、セルカークがこの地に漂着し、ヤギのおかげで4年間を生き永らえたと解説されていたのです。

たとえ家畜でも、みんながよく知っている物語の登場動物をわざわざ展示するというのはなんだかおもしろく、すてきだなという思いが頭の中に残りました。たとえるなら、日本の動物園で「ニホンキジ」として展示するのではなく「桃太郎のキジ」として解説するようなことでしょうか。

大航海時代に、船が難破したときにどこかの島にヤギがいれば、それを食べて船員が助かるかもしれません。冷蔵庫のない時代ですから、船には食料として生きているヤギ、ヒツジ、ウサギ、カメなどを積んでいました。こうしたヤギなどを非常食用にあちらこちら島々に放して野生化したのが、再野生化ヤギなのです。

小森さんがなぜ、この企画を持ちかけたかというと、前例があったからでした。17世紀ころに絶滅したウシの祖先の原種「オーロックス」と19世紀に絶滅したウマの原種「タルパン」をドイツの動物園で復元していたのです。

ミュンヘンとベルリンの動物園では、絵画に残されたオーロックスとタルパンを参考に復元していました。現在のウシとウマには祖先の遺伝子が少しずつ残っているので、祖先の特徴を残している品種を数代にわたって交配したのです。それがヒントで、ヤギなら数年でできるかもしれないから、やってみろといわれたわけです。

ほぼ10年で祖先の原種に似たウシとウマができています。ヤギは性成熟が速く、年に2回出産することもあり、多産ですから、原種タイプのヤギは5年でできました。角はノヤギのように長大にはなりませんでしたが、肩に十文字の黒い毛がある茶色の毛色というノヤギにそっくりなヤギが誕生しました。

こういうわけで白ヤギでもなく、黒ヤギでもない、茶色い十文字模様のあるヤギが多摩動物公園で飼われているのです。

ヤクシカの捕獲回収

ヤクシカは鹿児島県の屋久島に生息する小さなニホンジカです。多摩動物公園ではヤクシカを2か所の広い囲いで飼っていましたが、それ以外に園内で30頭ほどが放し飼いになっていました。ヤクシカも最初の担当で、世話をするだけでなく、放し飼いのヤクシカの捕獲回収も仕事でした。

放し飼いされているヤクシカは人気者です。しかし、シカの子に触ろうとしたお客さんを母ジカが前足ではたいて攻撃したり、偶然頭を持ち上げたオスジカの角がお客さんの顔をかすめたりといった事故が起きました。花壇の花を食べてしまうのも悩みの種でした。

あるとき、園を囲む外柵の金網がいたずらで破られて、その穴からヤクシカが園外に逃げるという事件がおこりました。この脱走ヤクシカの捜索を猟犬で行なったところ、日野市の多摩動物公園から町田市のあたりまで行ったことが判明しています。ヤクシカも知らない世界に出て不安だったようで、結局自分でもどってきました。

日本の森や草原に棲むシカやカモシカ、ノウサギは〝おいてき型〟の子育てをします。生まれた子を1週間前後、茂みに隠して、母親は哺乳のときだけ子のもとへ戻ります。いつも、母子いっしょにいるより、この方が天敵に見つかりにくいのです。

広いサバンナに棲むキリンやシマウマの子は生後1時間以内、ヌーなら15分くらいで立ちあがり、母親について歩きます。〝おいてき型〟に対し〝ついてき型〟の子育てです。

ヤクシカの子も産まれて1週間ほどは、樹木保護柵の中などにじっとしています。放飼場のまわり、柵の外側には人止め用に植物が植えられ、茂みになっていました。柵は親のシカが出なければよく、10㎝角ほどの溶接金網です。この網目だと子ジカの頭が入り、通り抜けられます。人止め柵の茂みは子ジカが隠れるには絶好の場所だったのです。

ヤクシカ♂冬毛

子ジカは隠れる必要がなくなり、群れに入ってからも、柵を抜けて外に出ていました。本来、ヤクシカにとって放飼場の外は人のいる恐ろしい場所です。でも、子ジカは外に生えている青々とした草の誘惑には勝てず、平気で柵外に出ては、草を食べていました。

宮崎県の幸島のサルのイモ洗いは子ザルからはじまり、群れ全体に広まりました。動物たちの新しい行動もたいてい子どもからはじまり、群れの文化として広まります。そんな、人を恐れず園路にも出てくる子ジカの姿が人気になり、いつの間にか放し飼いのヤクシカが増えていきました。

しかし、事故が起き、放し飼いは難しくなり、園内に散らばっているヤクシカをすべて回収することになりました。お客さんの前に出てくるようなヤクシカはすぐに捕まりましたが、園内の雑木林に何頭かが残っていて、潜むヤクシカの居場所を突き止めるための足跡探しも日課になりました。こんな経験も、私がフィールドの野生動物を観察したり撮影したりするときに大いに役立ったのです。

京王線を止めたクジャクの放し飼い

多摩動物公園では、ニホンザル、アカカンガルー、各種のキジ類などの放し飼いが試みられてきました。クジャクは1958年の開園のときから園内に放し飼いにされてきた、わりと安定した放し飼い動物です。

美しく、昔から有名な鳥だけに、貴重な鳥だと思われて、開園当初は、「クジャクが檻から逃げ出してますよ」と親切に知らせてくれる人もいました。こっそり家へ持ち帰ろうと、大きな鞄に詰め込んで出ようとした人を捕まえたという昔の話も聞かされました。尾羽の上に生える長い目玉模様の上尾筒が鞄には収まらなくて、御用になったそうです。

クジャクは、昼間は地上にいますが、飛ぶこともできます。夜になれば、高い松の枝の上で寝ますし、地上に降りるときには、見事な滑空も見せてくれます。

放し飼いのクジャクが園外に飛び去ってしまうことはあまりなく、出てもすぐに戻ってきたり、捕獲されたりして戻ります。正門の前の多摩動物公園駅を出たばかりの線路で羽を広げ、京王線を止めたことがありましたが、こうしたことは珍しいことです。

園内にいる場所もだいたい決まっています。深い林の中ではなく、動物舎や売店のまわりや園路などのお客さんのいる開けたところです。そんな場所の方が、えさがとりやすいのです。でも、動物舎から離れ、えさのポップコーンを投げてくれるお客さんの来ないところでも、開けたところにクジャクは居ついていました。

放し飼いにされているのは、インドクジャクで、原産地のインドでも、林の中よりは人家や寺のまわりの畑などにいることが多い鳥です。つまり、もともと明るい場所を好む里の鳥なのです。

ローマ時代にはヨーロッパでも飼われていて、観賞用だけでなく食肉用に家禽化され、白クジャクなどもできていました。ですから、明るいところが多く、えさもとりやすく、休息するための木も多い園内は、彼らにぴったりの環境だったのです。

もっとも、マクジャクという東南アジア原産のクジャクは、こうはいきませんでした。同じクジャクなので、これも動物公園がオープンしたときに放し飼いにしてみました。なかには、インドクジャクとのあいだの雑種もできました。

しかし、このマクジャクは放し飼いには向いていないことがだんだんわかってきました。マクジャクはインドクジャクとは違って、東南アジアのジャングルに棲む鳥です。園内でも、深い林の中に入ったきりで、姿を見せません。あまり人慣れしないので、たまに林の中にやって来るお客さんを攻撃するものもいました。マクジャクは体も大きく、気も荒いうえに、蹴爪《けづめ》も鋭く、事故でも起きては大変なので、とうとうマクジャクの放し飼いはやめることになったのです。

私が飼育係になったころ、1羽だけ、あまり林の中から出てこない、オスのクジャクがいました。雑種だったのですが、体の色から見ると、マクジャクの血の濃いものでした。たとえ雑種でも、祖先の血を受け継いで、林の中で生活していたのでした。野生のころの性質は、簡単には断ち切れないものだと感心したものです。

類人猿と過ごす宿直の夜

私が飼育係になったころは、宿直制度がありました。2人の飼育係が園内に泊まりこみ、夜専門の夜間飼育係の人たちといっしょに、夜の見回りをしたのです。当時は文京区の実家から往復3時間の通勤をしていたので、泊まってしまった方が楽という面もありましたが、それ以上に、夜の動物園は魅力がいっぱいでした。月に一度くらいまわってくる宿直当番を、10日以上もしたこともあります。

宿直は夕方と明け方、夜間飼育係の人たちは夕方、真夜中、明け方と、一晩に3回園内をまわります。懐中電灯を持ち、たくさんの鍵の束を腰にぶら下げて、事務所を出ます。おもな動物舎には外灯がついていますが、園内は広く大部分は雑木林で、夜の林はけっこう不気味な雰囲気でもありました。

冬だと気温は東京都心より4度から5度も低く、真夜中の見回りでは、防寒服を着ていても、震えるほど寒く、吐く息が真っ白になることもありました。

動物舎に着くと、まず動物の数を確かめ、何か異常はないか、見てまわります。トラやキリンは、私の足音を聞くと、すぐ目を覚まし、じっとこちらの様子を見ていました。野生を失っていないのです。ライオンのように動物園暮らしにすっかり慣れて、ぐっすり眠ったままの動物もいます。

動物を照らすと、草食動物の目はエメラルドのように緑色に光ります。ヤクシカのむれに懐中電灯を向けると、緑色の目がずらっと並んで、薄気味悪く感じられました。肉食動物の目は、赤っぽく光ります。タヌキやキツネなどの夜行性の動物は起きていて、赤い目で私をにらみ返したものです。

宿直の楽しみは、自分の担当していない動物に会えることでした。なかでもおもしろかったのが、ゴリラ、チンパンジー、オランウータンという人に一番近い動物たちの性格の違いでした。

ゴリラはじっとこちらをにらみますが、脅かしたりはしないジェントルマンです。オランウータンは見回り行くと、ゆっくりと柵まできて、何気ない顔で、じっと私を見つめています。はじめての見回りでは、目が合いお互いに見つめあっていたのに、突然口を尖らしたと思うと、唾を吐きかけられました。油断のできないひょうきん者に思えました。

一番怖かったのはチンパンジーです。宿直は最高最低温度計をチェックしなければなりません。気温、室温をメモすると、磁石で最高最低を示している水銀柱をもとに戻すのです。もし、チェックを怠れば、温度計が操作されていないことで見回りをさぼったことがバレてしまいます。

チンパンジー舎の温度計は部屋の奥にありました。一番手前にあるボスの「ジョー」の部屋の前を通らないと、温度を測れません。ジョーが扉を叩き大声で新米飼育係の私を威嚇しはじめると、群れ全体が起きてしまい大騒ぎになるのが常でした。

宿直の夜、チンパンジーとあいさつを交わし、ひどい目に遭わされた人の話を聞いたことがあります。1頭でいて、寂しかろうと唇を撫でていたところ、前歯で指先を甘噛みするのです。ところが、噛み方がきつくなり、気づくと指先を離しません。前歯に力が入り、指先は齧りとられ、食べられてしまったのです。まったく同じように怖い経験をした人が、知っている人だけで3人もいました。チンパンジー舎の見回りは、あまり楽しいものではありませんでした。

類人猿と呼ばれるこの3種は、私が子どものころの図鑑にはショウジョウ科という分類でした。ショウジョウとは「猩々」と書き、酔っ払いも意味しますが、茶褐色の毛に覆われたオランウータンの昔の名前です。

ショウジョウ科はオランウータン科となりましたが、21世紀の分類では類人猿たちはヒト科になったのです。これも分子生物学の発展の成果ですが、実物とまじまじと付き合った宿直の経験は、類人猿は猿ではなく人であると、薄々感じるものがありました。

夜の仕事のひとつに人工哺育《ほいく》があります。未熟児で生まれたチンパンジーの子を人工保育器から出して、ミルクを飲ませるのです。保護されたムササビの子にもミルクを与え、早朝の見回りでは、巣から落ちて持ち込まれたモズやツバメのひなにえさを与えました。

昆虫園では虫を食べる夜行性動物も飼われていて、昼夜逆転で飼われていました。夜は明かりをつけ、昼間のようになっているので、ムササビやスローロリスなどの夜行性動物たちはみんな寝ているのです。

昼間はじっとしている動物も、夕方や明け方は本来の生態を見せてくれます。タヌキやキツネの求愛行動、ノウサギの交尾や哺乳を観察できたのも宿直で園内をまわっているときでした。フラミンゴは本来夜行性のようで、昼間は片足でじっと居眠りしている姿がウソのように、騒がしく動きまわっていたものです。

園内の雑木林は広大で、野鳥もたくさん記録されています。宿直でまわっているときにフクロウの「ゴロスケホーホー」、ミゾゴイの「ボーボー」という声を聴き、姿を探しました。それから鵺《ぬえ》の声の正体であるトラツグミの「ヒョー・ヒョー」という薄気味悪い声も初夏のころよく耳にしたものです。

動物たちの姿は、彼らの勤務時間でもある、お客さんを迎える開園中の昼間の8時間は仮の姿だと思うようになりました。夕方から夜、そして夜明けを迎え朝になる人のいない16時間こそマイペースで過ごせる大事な時間なのです。宿直は、この動物たちが一番いきいきしている本来の姿に出会えるありがたい仕事でした。

閉園時間の音楽がなると、遠吠えをするオオカミがいました。きっと、「さあ、これからが俺たちの時間だ！」と連絡しあっているように、私には聞こえたものです。

野犬襲来！　開園までに捕まえろ

11月のある宿直の夜、私が寝てまもなく、夜中の巡回に出た夜間飼育係が大あわてで部屋に駆け込んできました。

「野犬だ！　野犬がヤクシカを襲っている！」

ヤクシカは私の担当です。飛び起きて、シカ舎に走りました。そういえばふとんに入ってまもなく、遠くでイヌが吠えるのを聞いた気がします。少し気になりましたが、どこかの飼いイヌだろうと、そのまま寝てしまったのです。

シカ舎ではすでに何頭かのヤクシカが倒れていました。1頭の野犬はシカ舎のなかで捕まえましたが、残り2頭は柵の外に逃げてしまいました。園内の公舎に住んでいた小森係長に連絡すると、まもなく飼育事務所に駆けつけてきました。小森さんは緊急連絡網を出して、各班長さんに電話をします。

班長さんから、さらに班員に連絡がいき、遠くに住む飼育係まで、呼び出され、駆けつけました。ほかの動物が襲われないように、それぞれが受け持つ動物舎に行き、厳しい寒さのなかで、徹夜で見張ったのです。

19頭のヤクシカのうち、メス2頭と子ども5頭が殺されてしまいました。どれも後ろ足の付け根を噛まれていましたが、傷はそれほど深くなく、ほとんどがショック死です。イヌは、人間の狩りを手伝うために飼いならされた動物ですから、食べるためだけでなく、楽しみで獲物を追いかけ、殺すこともあります。野犬は人間にも向かってくることがありますから、何とか開園時間までに捕まえなければなりません。

夜が明けると、眠い目をこすりながら、山狩りがはじまりました。動物公園の外周沿いには、ヤクシカ収容作戦で作った柵が何か所かあります。動物が逃げたり、イヌが入り込んだりしたときは、この柵に追い込んで捕獲しており、撤去せずに置かれていたのです。

見張り役はトランシーバーを持って、所々に立ちます。イヌを追い出す勢子《せこ》役は、棒を持って山に入ります。見張り役はイヌを見つけると、全員に知らせ、勢子役は、イヌが柵の方へ行くように、並んで追いました。

林の中なので、勢子役にはイヌの姿が見えず、見張り役がトランシーバーで伝えてくる位置で、見当をつけ草の動きや音に注意を向けて、捕獲柵の方向へ歩きます。柵に辿り着くと、うまいことに野犬は2頭とも中に入っていました。ヤクシカを倒したにしては小さい野犬で、首輪が付いていれば、どこかの家のペットだと思えるようなイヌでした。

時計を見ると9時ちょっと前、お客さんがやって来る前に捕まえることができ、ホッとしました。と同時に、おかしいと思ったときにすぐ見回ればよかったと、反省をしました。

ペット育ちの動物は危険？

まだワシントン条約がなかった時代は珍しい動物を飼っている方がいて、飼いきれなくなり動物園で引き取ったものがいました。私が新米のころ代番で世話をしていた「フクロテナガザル」も茨城県の方から寄贈されたものでした。「キータン」というオスで、キータンはメスのチンタとのあいだに子もできて、子はサンタと名づけられています。

フクロテナガザルは周囲を深さ40㎝ほどの池に囲まれた島で飼われていました。世話をするときは、島まで飛び石伝いに長靴をはいて渡ります。キータンは私のような新米が来ると待ち構えていて、小屋の屋根から岸まできて、脅かします。島に上陸しそこない、バランスを崩して何度か池に落ちたこともありました。島にあがってからも、バカにして、帽子を取ったり、足で蹴ったり、危ないのです。

チンタの方はメスでおとなしいのか、野生で育っているので人との距離の取り方を知っているようで、怖い思いをしたことはありませんでした。

本番の永井昭司さんからは「注意を怠らず、熊手を片手に、追い払え」といわれていました。その永井さんでも危険な思いをすることがありました。妙にキータンが張り切っている日があるのです。

そういう日には、必ずキータンの元の飼い主のおばさんがきているのでした。キータンは、子どものときから育ててくれたおばさんの顔を見たとたんに、ペット時代に戻ってしまいます。キータンは成獣になってから、おばさん以外の人に攻撃的になることがあり、事故を起こしてからでは遅いということで、動物園で引き取ったのです。

おばさんは、よくキータンの大好物のおはぎを持って会いにきました。事務所に寄ってからキータンのところに行き、一日じゅうキータンに話しかけていました。敬愛する、おばさんの姿を見たとたんに、おばさんにアピールするかのようにキータンは永井さんにも攻撃的なそぶりを見せるのでした。

こんなことが続いたので、おばさんにもうキータンに会いに来ないでほしいとお願いしました。しばらくは、入場券を買ってこっそり会いに来ていることがあり、おはぎを池越しに投げる姿が目撃されました。

でも、永井さんの姿を見つけるとキータンの前から隠れるように姿を消すようになりました。私たちが困っていることを理解してくれたらしく、いつしかおばさんの姿を見ることはなくなりました。

子どものときから人に育てられたチーターが寄贈されたこともあります。「チミー」という名前で、イヌのように鎖で繋ぎ散歩できるほど、育ての親である飼い主のお嬢さんには慣れていました。しかし、事故を心配した地元警察からはチーターとの散歩などしないように注意を受けていたのです。

飼っていたのは関西の方でしたが、当時、チーターを飼っていたのは多摩動物公園くらいしかなかったので、多摩で引き取りました。やはりキータンのときと同じように元の飼い主のお嬢さんが会いに来ると、チミーの様子は一変しました。興奮し、走りまわり、堀を跳び越えようと、何度もジャンプしたのです。

チーターではほかにも怖い思いをしました。ロバの子「ドン」を運動させるため綱をつけて園内を歩いていたときのことです。チーターのいる堀で隔てられた放飼場の前に差し掛かると、ドンを見つけたチーターが突然、堀を跳び越えようとジャンプしたのです。

幸い、チーターはこちら側の壁の一番上には届かず、少し下に前足が着いてそのままズルズルと堀に落ちました。あわてて、ドンを引っ張って、その場から離れました。普段、多くのお客さんが前を通っても跳ぼうとはしませんが、チーターにとっては、ドンは故郷アフリカのシマウマの子に見え、狩りの本能にスイッチが入ってしまったのでしょう。

ニホンカモシカの子が新潟県で保護されて、人工哺育で育てたことがありました。新潟県ではときどき、かなり白いカモシカが観察されていて、送られてきた子も真っ白でした。保護してしばらく飼っていた人は白くてかわいいので「メリー」という名前をつけていたのです。けれども、よく見たらオスでしたので、「ビリー」と改名しました。

シカやノウサギと同じでカモシカも〝おいてき型〟の子育てをしますから、生まれて1週間くらいは子を茂みに隠し、母親は離れたところにいます。茂みでじっとしているところを山菜採りの人に驚き跳びだしたのです。

その後、発見した方は親を見付けられず、家に連れて帰り、ミルクを与えたそうです。このあいだに〝刷り込み〟をされて人を親やなかまだと思ってしまったので、人によく馴れていて、ミルクの時間にはすぐに跳んできましたし、哺乳《ほにゅう》が終わっても遊びたくてじゃれてきたものです。

ビリーは白くて体も大きく立派なため、成長とともに展示動物として、すばらしいカモシカになりました。しかし、人に刷り込まれてしまったため、カモシカとしての行動がとれず、メスのカモシカとの同居はうまく行きませんでした。

1頭でいますから、さびしいこともあり、えさをもっていったり、掃除のために放飼場に入ったりすると、じゃれてきます。ビリーは角も鋭く伸びてきて、忙しくてかまってやれないと、角でじゃれてきます。ビリーの放飼場に入るときは、機動隊の盾みたいなものをベニヤで作って、角を避けながらえさを置き、掃除をしました。しかし、とうとう、私の班のベテラン班長の桑原久《ひさし》さんの足を角で刺して、怪我を負わせてしまいました。

人工哺育で育てた動物は、成長してからも人間を恐れません。馴れているからついかまってやりたくなります。でも、私たちは人工哺育した動物は、油断禁物という意識で接することを忘れないようにしなければならなかったのです。

日本初！　インドサイのお産

毎日、動物を観察していると、ちょっとした変化にも気づくようになります。たとえば、イノシシが小枝を集めはじめたら、そろそろお産が近いので、干し草やわらを入れてあげます。こんなときは何頭かのメスがそわそわして、巣材の取り合いが見られます。けんかにならないように、放飼場のあちらこちらに干し草を置きます。

出産の予定日がある程度わかれば、準備にもゆとりができます。交尾の確認をしてあれば、かなり正確に予定日がわかります。一方で、交尾期の決まっていない動物や、夜、短い時間に交尾する動物だと、出産予定日の予想が難しいものです。そんなときは、出産が近づくとはじまる普段とは違う行動を見落とさないようにしなければなりません。

インドサイもニホンカモシカと同じ班が担当で、班長の桑原さんが世話をしていました。インドサイは、交尾してから出産するまでに15〜16か月もかかり、出産日の予想は難しい動物です。妊娠初期は母親のおなかの大きさも目立たないので慎重に見極めねばなりません。

インドサイのさい太郎

日本ではじめて、インドサイの子ども、「さい太郎」が生まれたとき、母親「ラニー」のおなかは、秋になって少し大きくなったように見えただけでした。もし産むとすれば交尾した日から計算すると12月ごろのはずですが、まだお産を確定できません。

注意深く観察を続けると、11月になって乳房が膨らんできました。さらに、ラニーはオスの「ルプシン」が近づくのを嫌うようになりました。こうした行動観察で、まちがいなくお産をすると判断したのです。

ラニーとルプシンを離して、いつ産まれてもいいように準備を整えます。おかげで、12月25日、担当の桑原班長の見ている前で、無事、さい太郎が生まれたのでした。

成長したさい太郎は、国際的なサイ繁殖計画を担うため、オランダのアムステルダム動物園に婿入りしました。桑原さんはのちに、アムステルダムにさい太郎を訪ねました。さい太郎は「さい太郎」と呼ぶ桑原さんの声に気づき、すり寄ってきたそうです。

朝、予定もしなかったロバが子どもを産んでいて、びっくりしたこともありました。母親になったロバは年寄りで、私は「ばあちゃん」と呼んでいました。ばあちゃんは前足が悪く、おなかにもヘルニアのこぶがありました。なので、ほかのロバとは分けて、ロバよりも体が小さなヤギといっしょに暮らしていました。

おなかが大きくなったのはヘルニアのせいだと思ってロバ舎から分けていたのですが、まさか妊娠していたとは、まったく気がつきませんでした。ばあちゃんはだれの助けも借りずに夜のうちに出産していたのです。

ばあちゃんの最後の子になるはずなので「どん詰まり」のどん、それと、ロバの英訳「ドンキー」をかけて、「ドン」と名づけました。飼育係になって1年目の出来事であり、動物の能力は計り知れないことを年老いたロバのばあちゃんから教わったのです。

ドンは、ばあちゃんのミルクが足りなかったこともあり、哺乳瓶で牛乳を飲ませました。私によくなつき、手綱をつけて園内散歩に連れて行きました。チーターを興奮させ、ジャンプを見舞われたのもドンです。

ドンは成長してから、ししが谷のロバの群れで生活するようになりました。ある日、えさのペレットをドンより先に他のロバに与えていると、後ろから近づいてきたドンに肩をいきなり食いつかれたことがあります。いつも最初にペレットをくれるのにと、催促なのか、焼きもちなのか、動物もこうした感情を持っているに違いないと悟った経験でした。

ししが谷のロバ群にはドンの父親もいましたので、成長とともに父親から追われるようになり、群れにいられなくなりました。成長したおとなのオス2頭を同じ場所で飼うのは難しいのです。ドンは川崎市に新しくできた夢見ケ崎動物公園にもらわれていきました。

私が夢見ケ崎動物公園を訪ねると、すぐに見つけて、ロバ独特の「グガー・グガー・フガー」と大声で鳴き、ここにいるよと知らせてくれました。新しい動物公園で人気者になっていて、私もホッとしました。

生まれる動物、旅立つ動物

新しい動物がやってくると、飼育係はわくわくします。新入り動物の担当ともなると、緊張もします。普通、新しくやって来た動物は、動物病院に入れられます。検疫といって2週間ほどかけて、検便や血液検査など健康診断をするわけです。問題がなければ、それからが飼育係の仕事です。

新入り動物が動物園生まれなら扱いやすいのですが、野生からのものだと、馴らすのにも、展示するにも時間と手間がかかることがあります。はじめのうちは、静かな動物舎に入れ、新しい動物舎やえさに慣らし、元からいるなかまに会わせ、お見合いをはじめます。

トラやサイのように、もともと1頭で暮らす動物は、この組み合わせが難しく、たとえオスとメスでも、気に入らないと簡単にはいっしょにはなりません。最初の出会いに失敗したために、一生1頭で暮らしたトラやサイもいるのです。

私が飼育係になって2年目の12月のこと、イギリスから「シフゾウ」という大形のシカのメスが1頭やってきました。私がシフゾウの名を知ったのは小学生のときです。インドゾウとアフリカゾウ以外にどんなゾウがいるのかと思い、興味津々に書かれている本を読んだのです。

シフゾウは漢字では「四不像」と書くシカで、ゾウではありませんでした。角はシカ、蹄《ひずめ》はウシ、体はロバ、頭はウマに似て、どの動物にもあらずという意味なのです。

母親になったシフゾウのホイップと子

多摩動物公園には、すでにデコというオスのシフゾウがいて、私が担当していました。新しいシフゾウは、お嫁さんとして送られてきたのです。このメスは、ロンドン郊外のホィップスネード動物公園で生まれたので、「ホイップ」と名づけました。シフゾウは中国原産のシカですが、中国では絶滅し、イギリスで飼われていた群れをもとに絶滅から免れた稀少動物です。

大型動物の場合、動物病院の検疫舎に収容できず、はじめからシフゾウ舎に運び込まれました。見慣れない新しい小屋に入れられて、ホイップはおどおどしていました。人工哺育で育てられたのだから、人には馴れているはずで、すぐに落ち着くだろうとあまり心配しませんでした。

ところが、イギリスからの長旅でおなかがすいているはずなのに、えさも食べず、呼んでも近寄らないで、ただグルグルと動きまわっているのです。

このままでは弱ってしまうと、途方に暮れていたところ、いっしょに観察していたベテラン飼育係の鈴木新平さんが、たった一言「カム・ヒヤー（おいで）」と声をかけたのです。すると、ホイップはさっと寄って来て、手からニンジンを食べました。イギリス生まれで、英語で育てられていたことを、私は忘れていたのです。

ホイップをデコといっしょにさせるときも、困りました。デコには大きな角があり、体重も250kgもあります。ホイップはまだ1歳で体重は50kgしかありませんでした。ホイップはデコを怖がり、シフゾウのデコよりも、人間の私の方をなかまだと思いこんでいます。人工哺育で人に刷り込まれていたのです。

焦らずに時間をかけてホイップをデコにならすようにしました。その甲斐あって、4年目に、ホイップは子どもを産みました。すでに、私は担当から離れシフゾウは代番で、同じ班の杉田平三さんが担当していました。戦後の日本では初めての、貴重なシフゾウの子の誕生をみんなで祝ったものです。

同じように生息地のモンゴルでは絶滅し、ヨーロッパの動物園で飼われていた個体をもとに復活したのがモウコノウマです。フランスのラスコーやスペインのアルタミラ洞窟の壁画に描かれていたウマはヨーロッパの古代人に狩られて絶滅したモウコノウマでした。

日本初のモウコノウマ

ゴビ砂漠でモウコノウマが発見され、ヨーロッパの人々は自分たちの祖先が食べ尽くしてしまったことに気づきます。モウコノウマは野生では絶滅しましたが、動物園の個体を殖やし、絶滅を免れ、いまでは故郷のモンゴルにも里帰りしています。

このモウコノウマは、インドサイのさい太郎との交換で、ホィップスネード動物公園から5頭が日本に初渡来しました。さい太郎はホィップスネード動物公園がアムステルダム動物園から借りているインドサイの代わりにオランダへ行ったのです。

こうした種の保存活動のための繁殖を目的とした動物の貸し借りは、「ブリーディングローン（BL）」と呼ばれ、各国の動物園・水族館でさかんに行われています。当時から、稀少動物を絶滅させないため、国際的な血統登録に基づいて、所有権にこだわらず、遺伝的に適切な相手のいる動物園へ優先的に動物が送られることがすでに行なわれていたのです。

動物園が嫌がる「難獣《なんじゅう》」

安い動物が私の出発点でしたが、そこから卒業しても、まだ安い動物にこだわっていました。自分でやりたいと希望して、ノウサギの飼育にチャレンジしたのです。

当時、ノウサギを飼っている動物園は少なく、飼っていてもノウサギは臆病で常設的な展示にはいたっていませんでした。ノウサギは、ペットとして飼われている「飼いウサギ」のイメージから飼育が簡単と思われがちですが、動物園界では飼育の難しい「難獣《なんじゅう》」として知られていました。

ウサギという種族の展示はカイウサギがいて、面倒なノウサギをわざわざ展示しなくても事足りてしまいます。これはノウサギの都合でなくて、動物園の都合というか姿勢の問題でもあるわけです。

しかし、日本のノウサギは日本固有種ですし、鳥獣戯画でカエルと共演し、かちかち山や因幡の白兎など昔話にもよく登場するなじみぶかい動物です。ぜひ、本物の昔話の主人公を展示し、皆さんに見てもらいたいという衝動に駆られました。

ノウサギ飼育のヒントは『Wild Animals in Captivity』という本のなかにありました。ヘディガー園長が書かれた飼育係の教科書のような本です。ヘディガー園長はバーゼル大学教授であり、兼務でバーゼル動物園の園長を務め、続いてチューリッヒ動物園園長も務めた方です。この本の中にノウサギのなかまは小屋で飼えると書いてありました。

ノウサギはとてもシャイな動物です。そのため、小さな箱などで飼っていると、掃除で箱に近づくたびに驚いて、壁や個体同士が激突することがあります。大変世話がしづらいのですが、掃除をしなければ、糞が堆積して糞の上で飼うことになります。糞とともに体外に放出された病原菌や寄生虫が、堆積した糞から体内に入って再感染してしまい、結局は死にいたります。

もし野生のノウサギが1haで1頭いるとしたら、糞は広い自然のなかに拡散され、太陽光や雨にさらされ分解されていきます。1㎡のノウサギ小屋でしたら、野生の生息環境の1万倍のスピードで糞が溜まっていくわけです。これを解決するのが金網の床で、糞を飼育空間に残さないというのがヘディガーさんのノウサギ飼育理論のひとつでした。

もうひとつは、ノウサギの部屋を連結してふたつ造るという策です。飼育係はノウサギと同じ空間にいっしょに入らずに、掃除のときは空いている片方に追い込めば、空になった部屋をきれいにできるというわけです。

金網の床でも部屋の隅などには糞や汚れが残りますから、ときどき大掃除するための工夫です。ライオンやトラを飼うなら飼育係の安全のためにあたりまえにする方法ですが、ノウサギの場合は飼育係からノウサギを守るための術でした。

幸運なことに、1973年にヨーロッパに行ったときに、当時はチューリッヒ動物園の園長だったヘディガーさんにお会いすることができました。チューリッヒ動物園をずっと案内してくれ、おまけにサインまでもらって宝物にしています。

ドイツのベルリン動物園のブラスツキーヴィッツ園長が多摩動物公園にきたときに、「へディガーの飼育方法を本気で用いてノウサギを飼っている施設を、まさか東京で目にするとは思わなかった」と感激してくれました。ブラスツキーヴィッツさんも私と同じ動物好きというか動物園オタクでよく気があったのです。ベルリンに行ったときは丸一日を割いて広い園内を案内してくれました。

最初に造ったノウサギ小屋は畳1畳ほどで高さは1・2mありました。はじめてここに収容した翌朝、見に行くと血痕があり、天井にも血の足跡がついていていました。ノウサギたちが跳びはねたのです。

とりあえず、高さを半分の60㎝にしてみたところ、あまり暴れなくなり、大きく跳びはねなくなりました。ヘディガーさんのノウサギ小屋の写真を見ると高さは2m以上あり、物置のような建物です。中途半端な空間はかえってよくないことに気づきました。

多摩動物公園の飼育課衛生第一係には町田さんという大工さんがいて、町田さんが私の書いた設計図をもとに新たなノウサギ小屋を少しずつ建ててくれました。全部で5棟建てましたが、手造りで1棟ずつ建てるというところが大事でした。

工事業者に建てさせれば5棟いっぺんに完成しますが、ノウサギを入れてみて不具合があると、全部手直ししなければなりません。1棟建てて、ノウサギを入れて問題点を改良してから2棟目を建てるのです。

2年の時間をかけ、5ケージ分が完成しました。5ケージというのはエゾユキウサギ、トウホクノウサギ、サドノウサギ、キュウシュウノウサギ、オキノウサギという日本のすべてのノウサギを飼いたかったからでした。

ノウサギを展示するなら、自然のように土の上で、草の中でと思いたくなります。しかし、掃除が行き届かない狭い草地では、再感染の問題があります。そこで、コンクリートと金網の部屋でも、できるだけノウサギが自然の中にいるように展示する工夫をしました。

床はコンクリートと金網を組み合わせ、低くお客さんから見えにくいところを金網にしました。連結の部屋は床を金網張りの小さな洞穴のようにして、掃除のときは引き戸で閉めて収容します。こうした工夫で糞やゴミを水できれいに洗い流すことができました。

隠れ場所を確保するために木の切り株を置くと、ノウサギは落ち着き、お客さんからは自然らしく見えます。掃除後は、乾いた切り株の上がノウサギの休み場所になりました。

お客さんから「ノウサギがピョンピョン跳ねられなくてかわいそうね」といった声がよくありました。実は、ノウサギという動物は、本当はピョンピョン跳ねるのは嫌いな動物です。ノウサギが跳ねまわるときは、一歩間違えれば死を意味するときなのです。

たまたま、ノウサギを野山で見るときは、じっとしているノウサギを人が追い出してしまったときです。山を歩き山菜採りに藪に入り、昼間は物かげに隠れているノウサギを、追い出してしまい、その後ろ姿を見て、ノウサギは走ったり跳ねたりするのが好きだというふうに勘違いするのです。

ノウサギは、夜行性で昼間から走ったり跳ねたりすれば、すぐにタカやキツネに見つかり、つかまって命を落とすことになります。実際、北海道のエゾユキウサギで500例ほどの頭骨を調べた報告を見ると、4歳以上のエゾユキウサギというのはいなかったのです。平均年齢1歳くらいで、いつもキツネやワシの餌食《えじき》になり長生きはしません。

多摩動物公園では10歳以上生きているものが何頭かいましたが、天敵の多い自然界ではありえないことです。ノウサギは昼間、草かげや藪でじっとしている動物なのです。跳べない走れないノウサギがかわいそうというのも人の誤った先入観のように思います。

思わぬ助けを得た野兎研究会

林業害獣としてのノウサギの研究が進んでいたので、各地の林業試験場や大学に研究者を訪ねました。そこで、野兎研究会というノウサギをテーマにした会を知り、さっそく入会しました。野兎研究会は林業害獣としてのノウサギ研究の場です。研究発表のなかにはウサギ料理や、「兎袋」というノウサギの保定方法だとか、ともかくノウサギをテーマとしたいろいろな報告がある、楽しい研究会でした。

毎年、日本全国にある林業試験場や大学で開催されたので、全国のノウサギ飼育施設を見てまわることもできました。いままで、どうしても、動物園という立場から動物を考えがちだったのが、林業とか林学といった立場から動物を見る世界があることを知りました。別の立場からいろいろな話を聴く機会を得たことで、当時はなにか新鮮な話題をいっぺんに吸収できたような気がしたものです。

野兎研究会から得た最もありがたい成果は、日本各地のノウサギを会員の研究者から贈っていただいたことでした。北海道の林業試験場からエゾユキウサギ、秋田県と石川県からはトウホクノウサギ、新潟大学からサドノウサギ、島根県からオキノウサギという具合に、次々とノウサギが届きました。残る1種はキュウシュウノウサギですが、東京にも生息するノウサギで、都内で保護された子を育てることができ、5種が勢ぞろいしたのです。

不思議なことに、多摩動物公園がノウサギに一生懸命だということは、噂というかいろいろなところに自然と伝わるようです。各地の動物園、研究所、大学などへのノウサギの問い合わせも、私のところにまわされてくるようになりました。

あるとき、長野県野沢温泉から電話がありました。電話の主は三井茂さんと名乗り、「ノウサギを飼っているんだけれど、動物園ではどんなものを食べさせていますか？」と聞いてきたのです。私も感じていたことですが、三井さんもノウサギにニンジンやリンゴを食べさせすぎると下痢して、うまくいかないと困っていました。

三井さんは野草や大豆の葉を干して冬用のえさを確保していると教えてくれました。話を聞いていると、ノウサギをたくさん飼っているのでえさの確保が大変なようです。私はペットの兎用固型飼料が便利だと話しました。

話を聞いていると、三井さんの方がノウサギをよく知っています。こちらが教えるよりは教わることが多いうえに、飼っているノウサギを動物園に分けるといってくれました。

翌週、休みのとれる日に三井さんを訪ねる約束をして電話を切りました。三井さんの家は野沢温泉村の下駄屋さんでしたが、彼自身はスキー場で食堂を営んでいます。訪ねたのは初夏のころでしたから、食堂は開いてなく、ノウサギや保護したニュウナイスズメの雛などいろいろな生き物が飼われていました。

スキー場ではゲレンデ維持のため草刈りをします。ノウサギの子を見つけたり、鳥の雛が落ちていたりすると、村の人は動物飼育の得意な三井さんに届けるのだそうです。スキー場には夜になるとキツネやテンはもちろんクマも出てくるということで、期待しながら動物談義に花を咲かせ、一泊させてもらいました。翌朝、2頭のノウサギの子をもらって野沢温泉村をあとにしました。

動物を飼うときに一番大事なこと

ノウサギ小屋を建てる前、最初にノウサギを飼った場所はだいたい1000㎡ほどあり、草も生え、藪もある、いかにもノウサギの生息地といった環境でした。1000㎡もありますし、ノウサギにとって非常に良い環境だと思えました。ここに4頭放しましたが、飼育は失敗しました。細かい管理ができないなど、いろいろ問題はありました。

一見自然が豊かで良さそうな場所でしたが、実はこれは人間の勝手な思いこみです。野兎研究会で聞いた報告によると、ノウサギというのは、2haの面積に1頭という割合で生息しています。ですから1000㎡に4頭というのは野生の生息密度の80倍の密度です。

糞も2haに1頭なら太陽光にさらされ、雨にうたれ、自然に分解するのでしょう。一見広そうでも限られた飼育環境では、単位面積あたりに非常にたくさん糞があることになります。自然っぽい飼育場というのは完ぺきな掃除ができないのです。

飼育場の衛生面が保てなければ、動物の体内にいた寄生虫が排出されても、その糞からまた汚染される、というようなことがおこってしまいます。だから、人間には自然ぽく見えても、ノウサギにとっては、決して自然ではなかったのです。

もうひとつの欠点は、ノウサギは夜行性だというところでした。昼間は一日じゅう茂みにいて、夜になると出てきます。動物園でノウサギを飼うのは、皆さんに昔話の主人公を見てもらうという大きな目的があるわけですが、広いところで飼うと茂みに隠れきってしまい、肝心のノウサギが見られなくなってしまうのです。

それで、ノウサギのヘディガー先生考案の飼育小屋を作りました。面積は思いきって1坪程度に小さくして、この1坪に1つがいずつ入れました。自然の状態からすると、1万倍の密度で飼ったわけですが、これは成功しました。

1000㎡のところで飼えないのに、1坪の小屋で飼えたというのは、どういうことでしょうか。自然界では、2haの中で1頭のノウサギがえさを食べ、糞をして、その糞を昆虫が細かくしたり、分解する菌がいて、自然に消えていきます。ひとつの生態系ができていて、うまくいっているわけです。

これが1000㎡に4頭ですと、ノウサギにとってひとつのバランスある生態系のなかに身をおくには中途半端で、少し時間がたつと、どこかが狂ってしまいます。まず、第一に、糞を完ぺきに取り除くような掃除ができません。糞の密度も80倍になってしまうわけです。

対して、1坪の狭いところは、あっという間にバランスが崩れるはずですが、そこを崩さないのが飼育係の仕事です。飼育係がえさを与え、糞を掃除することで、ノウサギが生きていく環境を、太陽光や雨水に代わって整えているのでした。

生態系を鑑みると、こんな1万倍の密度で飼えるその理由は、飼育係自体が動物園の動物にとって、最も大事な環境なのではないかと、思うようになりました。よい動物舎を作ってやるとか、物理的な準備がしっかりしていれば、動物は簡単に飼えるように考えがちです。私は動物を飼うときに一番大事なのは、飼育係なんじゃないかと思います。

ノウサギの皮膚はトカゲのしっぽ

ノウサギをカイウサギのイメージで扱い、失敗したことがあります。

ウサギを抱くときは背中の皮を大きくつかんで、もう一方の手でおしりを抱えなさい、耳をつかんではいけませんと、子どもたちに教えます。ノウサギを箱から出すときに、カイウサギと同じように背中の皮膚を持ったら、皮膚が大きく剥がれてしまったのです。

しかし、命に別状はなく、どんどん治って、2か月ぐらいで毛が生えそろい完治しました。これはトカゲのしっぽと同じで、タカやキツネにつかまれたとき、皮膚だけなら捕られても命拾いできるに違いないと気づきました。

この失敗で、出雲神話の『因幡《いなば》の白兎』の話を思いだしました。山陰地方ではワニと呼んでいるサメをだまして皮をむかれた白兎を、大黒様が「真水で洗い、ガマの穂に包まっていなさい」と助けた話です。はじけたガマの穂は、ノウサギが治癒していく状態とよく似ています。

家畜のウサギが日本に伝来したのは16世紀の天文年間でした。長崎出島のオランダ人が殖やして、売り出し、ずいぶん金儲けをしたそうで、広まったのは江戸時代です。古代にはカイウサギはいなかったので、因幡の白兎は家畜の白ウサギではありません。山陰地方のノウサギは冬に白くなるトウホクノウサギで、まさしく因幡の白兎の主人公なのです。

野兎研究会が鳥取で開催されたときに、物語の舞台になった白兎海岸と白兎神社を訪ねました。白兎海岸の少し沖に、ウサギの格好に見える淤岐ノ島《おきのしま》があります。以前、淤岐ノ島には松が生えていて、ちょうど耳を立てているウサギに見えたそうです。台風で松が倒れてしまい、いまはウサギが耳をねかせているように見えました。

この白兎海岸に置いてあった大黒様と白兎像は残念ながらノウサギではなくカイウサギでした。おそらく日本白色種という目の赤い家畜の白ウサギがモデルです。

その後、訪ねた出雲神社でも大黒様を慕うカイウサギの像がありました。昔の人は現代人に比べ、動物や植物、自然のことをよく観察し、物語をつくったにちがいありません。お客さんのなかには冬の白いトウホクノウサギを見て「何で目が赤くないの」といっている人がよくいました。白いウサギの目が黒いと、何か違和感があるようです。

ノウサギとカイウサギは相当にちがう動物です。しかし、身近なカイウサギのイメージがウサギの一般常識になっています。それは普通の人ばかりでなく、動物を飼う専門家の私たちにとってもあることなのです。先入観にとらわれすぎると第一歩を踏み出せず、吹っ切れたら道が開けることは、飼育の世界でもあることなのでした。

「四季の展示」計画

三井さんから譲り受けたノウサギには、楽しみなことがありました。雪深い野沢温泉村のノウサギは冬に白くなるトウホクノウサギで、ちゃんと育てて、換毛の様子を観察したいという期待が膨らんだのです。まだ子どもだったので、人工哺乳で育てましたが、夜の哺乳も必要で、しばらくは毎日自宅に持ち帰り、世話をしました。

やはり、ノウサギは跳ねまわります。秋になり1頭が後足を骨折してしまいました。具合の悪い動物を療養させる方法に保温があります。怪我をしたノウサギには、赤外線ランプを当てて、温めました。

冬になって、元気な方は毛が真っ白になったのに、怪我をした方は毛色が茶色いままです。具合が悪くて白くならないのかなと思っていました。しかし、2月になって元気が出てきたので赤外線ランプを切ってみると、あっという間に真っ白になったのです。

冬になると毛が白くなるのは、雪国のノウサギの特徴です。そのきっかけとなるのは、雪景色を見たり、寒さを感じたりするからではありません。日長が短くなることで、冬の到来を感知すると、山形県林業試験場の大津正英先生から、野兎研究会で聞いていました。大津先生は温かい温室の中で飼い、雪景色を見せなくとも、冬を迎えたノウサギが白くなることで、このことを証明していました。

私のもとにいた2頭のノウサギも同様でした。骨折したノウサギは赤外線ランプの下で、日長が短くならない空間にいたので茶色いままでいたのです。赤外線ランプを切ったことで、怪我をしたノウサギも、日長が短くなったことを感じ、白くなったのでした。

ノウサギを飼育していて、

「ノウサギはいつ頃から白くなり、いつ頃から茶色くなるのですか？」

と、質問を受けました。当時、この問いには、おおざっぱな時期しか答えられませんでした。飼っているのに正確に答えられないのは情けなく思い、記録をとることにしました。日曜日に受けた質問でしたので、翌日、月曜の休園日に飼育しているノウサギすべての写真を撮りました。そして1年間、毎週月曜日はノウサギ撮影日と決めて、撮り続けました。1年間撮ってみて色変わりの傾向がつかめたので、2年目からは、毎月一度、原則として一日に撮影しました。結局、担当が変わるまでの3年半の記録がとれ、5つの地域のノウサギの毛色の変化について、時期や、どの部位から白くなるかがわかりました。

動物園にいる北海道産のエゾユキウサギは、11月には足と耳から白くなりはじめ、12月には全身が真っ白になり、4月には茶色い毛が出てきました。

一方で、野生や札幌で飼われているエゾユキウサギは、11月には真っ白になります。どうやら、ノウサギが白くなるのには、それぞれの地域で雪が積もるころの、日長が関係しているようです。

サドノウサギは12月にやっと足と耳が白くなり、全身が真っ白になるのは2月になってからでした。佐渡島沖は暖流の対馬海流が流れていて暖かく、雪が降るのも遅く積雪日も12月で7日ほどしかありません。

同じように対馬暖流に囲まれた隠岐の島のオキノウサギはおなかと首のあたりが白くなるだけです。もちろん東京産のキュウシュウノウサギは雪が降っても白くはなりません。

ちなみに、なぜ東京のノウサギをキュウシュウノウサギと呼ぶのかというと、これは西日本全体の小型のシカをキュウシュウジカと呼ぶのと同じ要領です。これらの学名は、シーボルトが長崎からオランダのライデン博物館に送ったノウサギ、ニホンジカにつけられました。最初にヨーロッパに送られた標本が九州産だったので、種を代表する名前に「キュウシュウ」という地名が付いたのです。関東産も、四国産も、みんなキュウシュウノウサギという亜種名で呼び、冬には白くなりません。

色変わりを展示に応用できないか、実験してみました。人工的に日の長さを変えられる部屋を作り、白くなる時期を早くしたり、遅くしたりしたのです。この実験をもとにして、『四季の部屋』という動物舎を夢に描きました。人工の光で、春夏秋冬の4つの展示室のある動物舎を造りたいと考えたのです。

ノウサギばかりでなく、テンやオコジョやライチョウなども、人工の光の長さを変えることで、色を変えさせられることがわかっています。これらの動物を四季の部屋に入れてやれば、冬の部屋には白い動物、夏の部屋には茶色い動物、春と秋の部屋には変身中の動物がいることになります。

色変わりだけでなく、季節による動物の生活の変化もいろいろあります。四季のはっきりしている日本では、そうした動物が身近にいます。たとえば、冬眠中のクマと、活発に動くクマを同時に展示することだって、できないことではないと思うようになりました。

ガンの渡りを東京へ

もうひとつのチャレンジがガンの繁殖です。ガンのなかでも日本に冬鳥として渡ってくるマガン、ヒシクイなどは日本の動物園では繁殖例のない難鳥《なんちょう》でした。

なぜ、ガンを殖やしたいと思ったかといえば、学生時代に行った宮城県伊豆沼で、はじめて〝鉤《かぎ》になり棹《さお》になって飛ぶ雁行《がんこう》〟を見て、東京でも昔のように冬の風物詩であった雁行を再現できないかと考えたからでした。

伊豆沼でのガンの朝の飛び立ちは迫力満点です。まだ薄暗い夜明け前にガンの大群が湖水から舞い上がるのです。源平の富士川の合戦で、卯の刻すなわち早朝、富士の沼の水鳥の一斉の飛び立ちで、平家の兵は恐れおののき、敗走したと伝えられています。これは作り話ともいわれていますが、伊豆沼のガン群の「ゴー」という地響きのような飛び立ち音は、まさに何万騎もの源氏の軍勢を思わせるものでした。

関東地方にはいま、ガンはほとんど渡ってきません。北海道や秋田県の八郎潟《はちろうがた》を中継地として、宮城県の伊豆沼周辺や北陸から山陰地方が現在の越冬地です。しかし、昭和30年代までは東京湾や皇居のお堀でマガンの群れが越冬していました。

江戸の浮世絵師、歌川広重は『名所江戸百景』の「よし原《わら》日本堤《にほんづつみ》」の雁行や「羽根田落《はねだらく》雁図《がんず》」「月に雁」など江戸を舞台にした風景にガンを登場させています。棹になり、鉤になり群れで飛ぶ雁行は、秋から冬の風物詩だったのです。

森鷗外の小説『雁』には不忍池《しのばずのいけ》で石を投げたら、ガンに当たったというくだりがあり、池の界隈には雁鍋屋がたくさんあったとあります。〝がんもどき〟は大豆を使った精進料理で、ガンを食べたいお坊さんたちが代用食としてつくりだしたといわれています。昔は食べるほどたくさんのガンが日本に渡ってきていたのです。

狩猟鳥《しゅりょうちょう》だったガンは１９７１年に突然、天然記念物に指定されました。前年のカウントで、日本じゅうで伊豆沼など仙台周辺に３０００羽ほどしか確認できなかったのです。当時、狩猟鳥として毎年１０００羽ぐらい撃たれていたのですから、このままいけば3年で絶滅してしまいます。狩猟行政を所管する林野庁《りんやちょう》が狩猟鳥から外すことをためらっているときに、文化庁《ぶんかちょう》がいきなり天然記念物にして、撃てなくしたのです。

その後は順調に増えて、いまでは10万羽ぐらいが渡ってくるまでに回復しました。しかし、仙台に残っていたものの子孫たちなので、祖先から受け継いだシベリアから仙台へという渡りのルートを頑なに守り、東京にはやってきません。

上野の不忍池にガンを放し飼いにして囮《おとり》にすれば、野生のガンが越冬にくるのではないかと考え、まずガンを殖やしたいと思いました。調べてみると、日本の動物園では冬鳥として渡ってくるガンはまったく繁殖していませんでした。繁殖地のような広い飼育場で飼ったり、えさの工夫をしたりしていましたが、繁殖に繋がっていなかったのです。

私は、ガンが日本で繁殖しないのは、もっと根本的な原因があるように、おぼろげながら考えていました。そのヒントは大学で習った芝田清吾教授の家畜・家禽《かきん》繁殖学の授業にありました。芝田先生はニワトリに卵をたくさん産ませることの説明に、ウグイスの話をされたのです。

日本では江戸時代のころ、ウグイスを正月に鳴かせることがはやりました。正月が近くなると、毎晩、かごをロウソクの照明のもとに置きます。光を浴びる時間をだんだん長くしていき、ちょうど正月ころに、ウグイスが繁殖期の春が近づいていると勘違いするように仕向けたのです。ウグイスは梅の花を見て鳴くのではなく、日長《にっちょう》が伸びることで脳下垂体が刺激され生殖ホルモンが分泌されると鳴きはじめるわけです。

ウグイスに限らず、鳥は一般に日長が伸びてくる春から初夏のころに繁殖します。ニワトリやウズラも、日長の短くなる秋から冬には、鶏舎内で照明をつける時間を長くして飼育するという方法で産卵効果を高めています。たとえば、熱帯に起源をもつニワトリは、12時間より少し長い日長で卵をたくさん産むので、13〜14時間は照明をつけています。

ガンの繁殖メカニズムを考えているうちに、芝田先生の授業を思いだしました。ガンの繁殖地はシベリア、アラスカなど北緯70度ぐらいの北極圏に近い北の地です。そして、繁殖期は6月を中心とする夏、一日じゅう太陽の沈まない白夜のもとで交尾をして、産卵し、雛《ひな》を育てます。日本の初夏の日長では短すぎて繁殖ホルモンは分泌されないのです。白夜のように一日じゅう明るいような状態で、はじめて脳下垂体が刺激されるはずと推測しました。

実験対象にするガンの一種、カリガネが到着して2週間の検疫中に、急いで電気工事をしました。タイマーで自動的に点灯の時間調節ができる蛍光灯を飼育場に取りつけ、白夜を再現できるようにしたのです。

最初の卵は、まだ新しい環境に慣れなかったせいか、巣造りをせずに地面に産んでありました。しかたなく、卵は孵卵器に入れたのですが、ちゃんと雛が孵《かえ》ったのです。雛が孵ったということは有精卵を産んだということ。つまり、メスだけでなくオスにも人工白夜が有効だったのです。

翌年にはペアでなわばりをつくり、巣造りをしてメスが巣につき卵を温めはじめました。なわばり形成時のオスは攻撃的で、近づくものはたちどころに追い出します。メスはオスとは逆にひっそりと、植え込みのかげに落ち葉や枯れ草を集めて、目立たない巣を作りました。卵を産むと、はじめのうちは抱かず、落ち葉をかぶせておきます。卵を抱くのは最後の卵を産む直前からで、こうすることで全部の雛はほぼ同時に孵化するのです。

点灯飼育で繁殖に成功したカリガネの親子

2時間に一度くらいメスはクチバシで卵を転がし、卵がまんべんなく温まるようにします。この転卵《てんらん》をしないと、卵は途中で発生が止まり、死んでしまいます。えさを食べたり水を飲むため巣を離れるときには、巣の中に敷き詰めた綿羽《めんう》を卵にかけて卵が天敵に見つかったり冷えたりしないようにします。綿羽は自分の胸から抜いた温かいダウンですから、保温性は抜群です。卵を抱いているときのメスは、よく目立つピンクのクチバシと白い額を隠すように、首を下げ、頭を胸につけるようにしていました。

オスは、メスが卵を抱いているあいだはおとなしくなり、敵すなわち私や他のカリガネが近づくと、巣から相手の目をそらすために遠くに離れます。卵が孵化し雛の声を聴き、姿を見たとたんに、オスは攻撃的になります。雛に近づくとクチバシで突かれてしまいます。結構、痛かったのですが、嬉しいあいさつに思えたものです。

親の風切羽《かざきりば》がいっぺんに抜け、新しい羽に変わるのもこのころです。雛が飛べるようになるまで、親も飛べません。敵に襲われても、親だけが飛んで逃げるわけにはいかないというわけです。

ガチョウになったガン・ならなかったガン

カリガネのほかに、ハイイロガンという別のガンでも飼育を試していました。どちらも孵化と育雛までは変わりがなかったのですが、カリガネの雛は1か月過ぎたころには風切羽が伸びきって飛べるようになったのに、同じ日に孵ったハイイロガンの雛は飛べるまでに2か月を要しました。

カリガネの繁殖地は北極圏ですが、ハイイロガンの繁殖地は北緯45度ぐらいの中緯度《ちゅういど》地方です。カリガネは、1か月で飛べるようになって、親といっしょの渡りについて行けないと、えさの植物は雪に覆われ、食べられなくなってしまいます。一方のハイイロガンは、ゆっくり成長しても、繁殖地の湿地にはまだ青々とした草が生えているのです。

ガンを家禽化したものがガチョウであり、なかでもハイイロガンはフォアグラを採るツールーズ種などのヨーロッパガチョウの祖先で、家禽になった原種のガンです。ローレンツ博士のノーベル賞を受けた刷り込み理論の研究もハイイロガンで行なわれました。

ヨーロッパガチョウに対して、中国産にはシナガチョウという種がいます。原種であるサカツラガンも、北緯40度ぐらいで繁殖します。こちらはアジアが繁殖地で、中国で家禽化されました。

ユーラシア大陸の中緯度地方には人もたくさん住んでいて、繁殖地で卵や雛を採取できます。ローレンツ博士の刷り込みと同じように昔の人々も孵りたての雛を人に馴らしたのでしょう。

しかも、ガンやカモの親鳥は、カリガネで観察したように繁殖期に換羽するため飛べなくなります。雛が育ったころに羽が伸び、雛といっしょに飛べるようになるのです。雛を連れて2か月ほど飛べないのですから、昔の人は簡単に家族を一網打尽にしたにちがいありません。

ヨーロッパや中国にも、高緯度地方で繁殖するマガンやカリガネ、ヒシクイなどが冬鳥として渡ってきます。きっと捕獲して飼育したこともあったでしょう。しかし、越冬地では繁殖時期の日長が足りず、卵は産みませんでした。飼育して、よく殖えたのは中緯度地方で繁殖していたハイイロガンとサカツラガンだけだったのです。

この2種のガンが人に飼われ、改良されて、ガチョウという家禽になったのだと、いろいろなガンの繁殖に取り組みながら想像をたくましくしたものです。

次々に復活するガンたち

カリガネの繁殖の成功を機会に、高緯度地方の動物の繁殖に日長調節が必要という考えは、徐々に日本の動物園界に浸透していきました。すると、仙台の「雁を保護する会」や八《や》木山《ぎやま》動物公園の人が訪ねてきました。仙台にある八木山動物公園は伊豆沼に近いので、保護されたマガン、ヒシクイ、カリガネを以前からたくさん飼育していましたが、繁殖にはいたっていなかったのです。

八木山動物公園では、日本への渡りがほとんど途絶えていたシジュウカラガンをアメリカ政府の稀少動物増殖センターから入手していました。シジュウカラガンは、かつてアリューシャン列島の繁殖群がアメリカ西部に、千島列島の繁殖群が日本に渡っていました。しかし、毛皮を採るため北の島々でキツネが放され、キツネたちがガンを獲り、絶滅寸前にまで減少したのです。

アメリカはキツネを放さなかった島に残っていたシジュウカラガンをワシントンにあるパタクセント国立野生動物研究所に運び、殖やしました。殖えたガンを再導入してカリフォルニアへの渡りは復活します。この時点で、残っていた増殖用のシジュウカラガンも放してしまうという情報を入手し、放す寸前だったシジュウカラガンを、八木山動物園が譲り受けたのでした。

カリガネの点灯飼育技術は、日本でもガンは殖やせることを証明し、シジュウカラガンを日本でも殖やそうという機運を盛りあげていました。危険分散を兼ねて、アメリカ政府からのシジュウカラガンの3分の1を多摩動物公園で預かることになったのも、こんな経緯があったからなのです。

点灯飼育の技術によって日本で殖えたシジュウカラガンを、仙台の人々の努力で千島列島に放しました。ロシアの研究者の協力も得て、シジュウカラガンの日本への飛来数は年々増えていき、2016～17年の冬は2000羽を超すまでに回復しています。

不忍池にいるシジュウカラガンたち

また、日本に渡ってくる野生のマガンの巣にハクガンの卵を入れる方法で、ハクガンの渡りも再現しました。日本へはまれにやってくるだけだったカリガネも、最近は群れで飛来するようになりました。
私の思いついた東京へのガンの渡りの復活は、まだ実現していません。しかし、シジュウカラガンやハクガンの復活は着実に進み、学生時代から描いていた私のガン復活の夢は、半分は叶ったのです。

カラスとの知恵合戦

カリガネの繁殖成功の影に、悔しい思い出があります。カリガネが一番最初に産んだ1卵は、放飼場に落ちていた卵の殻を見つけて発見しました。犯人はカラスです。

さっそく、田んぼの上に張るスズメ避けの網を農協から取り寄せ、放飼場に張りました。動物の繁殖成功は飼育がうまく行なわれている証のひとつです。順調な飼育に水を差すのがカラスや園外から侵入してくるタヌキなどの存在でした。本質的にはうまくいったのに、予想外のことで失敗するのは、本当に悔しいことでした。

動物たちを外敵から守るということも、飼育係にとって大事な仕事です。自然豊かな多摩動物公園では野生動物も侵入してきます。カラスなどは出入り自由ですし、タヌキやアナグマはもともと、この雑木林の住人だったのですから、しょうがありません。でも、動物の子や鳥の卵、えさも横取りされないよう、色々な工夫をしなければなりませんでした。

なかでも、一番悩まされたのはカラスです。私が飼育係になって、初めて世話をまかされた、ししが谷のイノシシもよくカラスにやられました。もちろん、親イノシシがやられるわけはなく、子どものイノシシが襲われるのです。

イノシシの子どもは、生まれて4日から1週間たつと、親から離れて動くようになります。カラスはそれを待っていたかのように狙います。弱そうな子を見つけると、降りてきて、まずはまわりに付きまといます。そして、すきを見て肛門をクチバシでつつくのです。周辺の雑木林で様子を見ていたなかまのカラスもさっと降りてきて加わります。じきに子イノシシは殺され、はらわたから肉まで、あっという間に食べられてしまうのでした。

子イノシシも、生まれて1か月もたてば、カラスにやられることはありません。だから、最初の1か月、カラスを寄せ付けないように、あれこれ工夫しました。まず、黒い布やカラスの剥製で、かかしを作ります。死んだカラスがぶら下がっているように見せるのです。

これで、少しはだませますが、1週間もたつと、もう効き目はなくなります。

次に、子イノシシの隠れ家用に、道路わきの側溝に使われるU字型のコンクリートを、さかさまにしておきました。置いただけでは、親イノシシが鼻でひっくり返してしまうので、セメントでしっかり固定をしなければなりません。

子イノシシの敵は、カラスばかりではありません。母親を追い回すオスのイノシシに踏みつぶされ、牙に引っかけられて死んでしまうこともありました。母親と他のメスとの巣の取り合いにまきこまれて、潰されてしまうこともあったのです。

カラスは同じように生まれたてのヤクシカや、大型のシカであるスイロクの子にも付きまとい、殺すことがありました。ガンやコクチョウの卵は、親がえさを食べるために巣を離れたすきに、あっという間に持っていかれ、雛も危ない目に遭わされるのです。

フラミンゴの卵もカラスにもっていかれます。本物の卵は孵卵器で温め、巣には石膏で作った偽《にせ》の卵である擬卵《ぎらん》を入れたこともありました。孵化直前に、擬卵をとって本物をもどし、カラスにとられるリスクを減らす作戦です。

ハシブトガラスの大きなクチバシは、重たい擬卵も難なくくわえます。私が呆気にとられている前でカラスは石膏の卵をくわえて、あっという間に飛び去っていきました。カラスはこずえで擬卵を突いていました。すぐに、食べられないとわかったようで、雑木林の下に擬卵は落ちていました。

えさやりも、カラスとの戦いです。朝、調理場で用意したえさは大小のバケツに入れられ、衛生第一係のえさ担当者がトラックで各動物舎に配ります。えさの入ったバケツは必ずしっかりとした蓋が着いています。もし、蓋なしで配ろうものなら、ゆで卵、魚、肉などカラスの好きなものから、なくなってしまうからです。

池や流れのある広いオープンケージで飼っているツル、コウノトリなどの給餌《きゅうじ》用の器にはいろいろな工夫を施しました。イソップ物語に出てくるようにツルやコウノトリのクチバシは届いても、カラスのクチバシは届かない細長い容器にえさの魚を入れるのです。ガンのえさ箱も柵で囲み、首の長いガンは届いても、首の短いカラスには届かないような工夫をしました。

カラス以外の敵も多く、小さなアフガンナキウサギの小屋にアオダイショウが入り込んで、ナキウサギを飲み込んでしまったこともありました。エゾユキウサギの子が5頭生まれ、翌日数えたら、どうしても4頭しか見つかりません。もしかしてと思い、ノウサギ小屋の天井を見ると、おなかを膨らましたアオダイショウが蜷局《とぐろ》を巻いていたのです。ヘビは体が太くなりすぎて、外に出ることができなかったのでした。

多摩動物公園の雑木林には関東地方のヘビはみんな自然に生息していました。それだけ豊かな里山が維持されていたのですが、やはり大事にしている動物を目の前で食べられてしまうと腹が立ったものです。

タンチョウの雛が、夜、野生のイタチに襲われ、朝、発見したときには雛の首はなくなっていたということもありました。ワラビーが、園外から入り込んだキツネにやられたこともありました。野生のタヌキもいて、ときどき水鳥などを襲います。大きなマナヅルを倒してくわえて引きずっていったこともあります。

多摩動物公園は広々とした場所に水鳥を放し飼いにしていますが、カモが野生のオオタカに獲られることもありました。飼育係にとってはどれもが事件であり、こんなことがおこるたびに、柵を直したり、漁網を張ったり、金網の目を細かいものにしたものです。

東京生まれのツルの困りごと

スズメやシジュウカラ、それにツバメなどの小鳥には、年に数回繁殖するものがいます。多くの鳥は繁殖が年1回ですが、ヘビに卵を飲まれたりして卵を失うと、ふたたび産卵する能力を持っています。アイスランドなどの海鳥の集団繁殖地では、人々が食用にするために、カモメなどの卵を貴重なタンパク源として昔から利用していました。

人々は、卵を取れば、鳥がまた産み直すことを知っていました。1個でも残しておくと産み直さないことや、何回も取ると巣を捨ててしまうことも知っていたのです。ですから1回だけ、全部を採取し、産み直した2度目の卵には手を出さないというルールで海鳥の卵を利用していました。こうすれば、いつまでも卵を食べることができる、いまでいう持続可能な利用を続けていたのです。

動物園では、鳥の補卵《ほらん》というこの性質を利用して、ツルなどの貴重な鳥をたくさん殖やしていました。ツルは1年に1回、2個の卵を産みますが、次々に取りあげたところ、マナヅルで1年に8回、16個も産んだペアがいました。

取りあげた卵は孵卵器に入れて孵化させ、親ヅルにも最後の2個を抱かせれば、普通なら1羽か2羽しか孵らない雛を、たくさん殖やすことができるのです。この方法は、ツルばかりでなく、カリガネやコウノトリ、トキなど、いろいろな鳥に応用して、効果をあげてきました。

多摩動物公園の場合は、人工孵化に2種類の孵卵器を使っていました。ツルやコウノトリなどの貴重な鳥に使うのは、古いタイプの〝平面孵卵器〟です。どこが古いタイプなのかというと、この孵卵器は、人が親鳥に代わって、転卵してやらなければならないのでした。転卵ばかりでなく、微妙な温度調節など、すべて手加減でやるのです。

たとえば、卵が1個しかないときには、ガチョウなどの卵をまわりに入れてやります。こうすることで、卵がお互いに熱を伝えあい、熱の損失を防ぎます。また、定期的に一定時間に扉を開けて、卵を冷やしてやります。親鳥はえさを食べに行くときなどに巣を離れ、自然と放冷《ほうれい》しているからです。

平面孵卵器の使用は手間がかかりますが、逆にいえば、飼育係の腕の見せどころで、長年の経験と勘、それに基づく工夫がものをいいます。貴重な鳥の卵ほど、孵化《ふか》の条件に微妙な差があって難しく、器械まかせにできないのです。

もう一方は、最新式の〝立体孵卵器〟です。これは転卵が自動になっていて、人が手伝うのは、卵の放冷のときに扉を開けることくらいしかありません。立体孵卵器はもともとニワトリの卵を大量に孵化させるために使われている、産業用の孵卵器です。

上野動物園と多摩動物公園では、人工孵化により、タンチョウとマナヅルを、どんどん殖やしました。東京生まれのツルは、国内各地の動物園はもちろん、海外にも贈られて喜ばれました。また、多摩では幼鳥を使って飛翔訓練をしていました。当時の上野動物園の古賀園長は、多摩と上野を結ぶ伝書バトならぬ伝書ヅルを飛ばそうと考えていたのです。この夢のような構想はタンチョウの幼鳥が電線にぶつかり死亡する事故で残念ながら中止になってしまいました。

次の世代の親とするための、何羽かの幼鳥は贈ったりせずに残して育てていました。このようにツルの人工孵化は順調にいくものと思われたのですが、喜んでばかりはいられないことになりました。

人工孵化で育ったツルが大きくなるにつれ、自立させるためにも、飼育係はだんだんかまわなくなります。ツルの方ではそれが寂しいのか、ケージの掃除に行くと、待ってましたとばかりに、駆け寄ってきます。寄ってくるだけならいいのですが、遊び気分でつついたり、蹴ったりするからやっかいなのです。

ツルは大きな鳥ですから、尖ったクチバシや爪は、結構危険です。このように、人を怖がらないのは、人にずっと育てられたためで、人を親と思い、なかまだと思いこんでしまうからでした。

こうした刷り込みは、鳥ばかりでなく、哺乳類《ほにゅうるい》にも見られます。たとえば、人工哺育で育ったニホンカモシカが、飼育係にじゃれて、角でケガをさせてしまう事故が各地の動物園で何件か起きていました。

人をなかまと思いこんでしまったタンチョウやマナヅルで一番困るのは、正常な繁殖行動がとれないことでした。たとえば、繁殖期の求愛ダンスも、飼育係に対して行ない、同類のツルには見向きもしないのです。同類をペアと認めないのですから、繁殖できるわけはありません。人工孵化で稀少なツルの数は増やしたのですが、育ったツルがツルとして生きていけない「欠陥ヅル」だったのです。

新しい世代を残していくには、何とかして卵を産ませ、雛を誕生させなければなりません。そこで、人工授精の方法をとることにしました。人が育てたツルは、人を怖がりません。オスを抱くように捕まえて、総排泄孔《そうはいせつこう》の周辺をマッサージすることで、わりと簡単に精子が採れました。メスもそっと抱きかかえることができたので、総排泄孔から精子を注入することができました。

人工授精は、これまで野生の鳥ではほとんど行なわれていませんでした。それでも、なんとか成功にこぎ着けることができ、新世代のツルとともに、人工授精の貴重なデータも得ることができたのです。人工授精の成功は、のちに多摩で採取した稀少なソデグロヅルの精液を鹿児島の平川《ひらかわ》動物公園に飛行機で運び、平川のメスに注入して有精卵を得て雛の誕生に繋がりました。

ところが、まだ問題は残されていました。人工授精で生まれた卵を、親である人に刷り込まれたマナヅルに返してみたら、マナヅルは卵を抱き、孵化させました。しかし、卵から雛が出てきたとたん、つつき殺したのです。

卵は理解できても、動く雛は何だかわからなかったのでしょう。私たちは、ツルの姿をした鳥を育てることはできましたが、ツルの心を持った鳥は、育てることができなかったのです。

ツルなどの稀少な鳥の繁殖に動物園が取り組んでいるのは、飼育する鳥を動物園の中だけで殖やしたいということだけではなく、滅びゆく鳥を、もう一度日本の空に羽ばたかせたいという夢があるからです。

そのためには、野生の中でたくましく生活し、繁殖もできる鳥を育てなければなりません。刷り込みで、人をなかまと思ったり、自分の雛をつつき殺したりしてしまうような鳥ではだめなのです。人工育雛の苦い失敗から、いまでは、子育てをできるだけ親にまかせるようになりました。やむを得ず、孵卵器で雛を孵さなければならないときも、人に刷り込まれることを防止する方法をとるようにしています。

卵に対する刷り込み防止を考えるにあたり、卵を抱いている親ツルの観察が役に立ちました。ツルの卵は孵化する2~3日前になると、なかの雛が鳴きはじめます。「ピーピー」とか弱く、聞き逃してしまいそうな声ですが、必ず鳴きます。親はこれに反応して「グルーグルー、グルグル」と低く優しい声で応えます。雛が卵の中にいるうちから、親子の会話がはじまっていたのです。

孵卵器の卵も孵化の前に卵を耳に当て、じっと聞き耳を立てると鳴き声が聞こえます。しかし、孵卵器で温めている卵の中の雛がピーピー鳴いても、親は応えてくれません。聞こえるのは人の声ばかりなので、孵化したとき、ますます人を親と思ってしまうわけです。

そこで、親の声を録音し、卵に聞かせておくようにしました。孵化した雛は、もちろん親のことは知りません。孵った雛に「グルーグルー、グルグル」という親の声のテープを聞かせると、すぐに反応し、音の出ている場所を捜しはじめました。親が警戒のときに出す、大きく甲高い「コー」という声を流してみたら、逃げ回り、地面にピタッと伏せて動かなくなりました。ちゃんと、親の声の意味を聞き分けたのです。これで、卵のときからの親との会話が、いかに重要であるかがわかりました。

ツルのなかまの学名はラテン語で「グルス」、英名は「クレーン」です。ともにツルの鳴き声からきている言葉で、学名は親が雛に語りかける優しい声、英名は鋭い大きな警戒の声に由来するようです。

孵化した雛にも、ツルであることを自覚させる飼い方をしなければなりません。親ははじめのうちは、えさをクチバシの先につまんで雛に与えます。少し時間がたつと、えさを地面に落として、雛に「これは食べられるよ」と自分でついばむようにうながします。

いままでは、ピンセットでえさを与えていましたが、刷り込みを避けるために、ピンセットをツルのクチバシの形に改造し、さらに暗幕を張って私たちは姿を見せないようにしました。

これだけではえさに関心を持たないため、鳥類の人工孵化と育雛を担当していた杉田さんのアイデアで、雛の前に赤鉛筆をぶら下げました。鳥は赤色を判別することができるので、雛の前で揺り動かすと、雛は興味を持って突きます。この赤鉛筆の真下にえさを置くと、じきに自分で食べるようになったのです。

人の手に慣れさせないだけでなく、雛には自分がツルであることを自覚させねばなりません。そのために、飼育箱に鏡を張り付けました。はじめは自分の姿を突いて攻撃していましたが、数日で鏡に体を摺り寄せて休むようになりました。

こうした工夫をして育てたツルは、完全に私たちの姿を見ながら育ったツルに比べ人への刷り込みが少なく、成長してからもツルとしての正常な行動をとったのです。

トキを絶滅から救え！

カリガネの繁殖に成功したことが認められたようで、私は絶滅が心配されていたトキとコウノトリの担当を命ぜられました。新設したトキ舎に、10種以上のトキのなかまを集めたのです。佐渡島のトキを救うために近似種でいろいろな研究をするためでした。

私が担当になる以前から、すでに近似種を使った人工孵化や人工育雛、病気予防などの研究がはじまっていました。そのひとつに人工飼料の開発があります。就職するまえに、このトキ人工飼料開発プロジェクトの出した報告書の編集をアルバイトで手伝っていたので、動物園がトキを助ける研究をしていることは知っていました。

1967年に佐渡の山中に開設されたトキ保護センターでは、トキのえさに地元の魚屋さんから入手できるアジなどを使っていました。しかし、飼育中に死んだトキを解剖すると、体内からアジに由来するアニサキスという寄生虫が見つかりました。上野動物園で1958年から飼いはじめたクロトキのえさもアジでしたが、一向に繁殖しませんでした。

このころ、スイスのバーゼル動物園を訪ねた山階鳥類研究所所長の山階芳麿《やましなよしまろ》博士は、ヨーロッパで絶滅したホオアカトキの人工増殖に人工飼料が使われ、良い成績を収めていることを知り、処方を上野動物園に伝えました。安全な人工飼料を必要とする声が高まり、上野、多摩、井の頭の都立3動物園で近似種のクロトキ、ショウジョウトキ、アカアシトキを使ってバーゼル方式を参考に人工飼料を開発したのです。

人工飼料の材料には、馬肉と当時はまだ安価でライオンのえさにも使われていた鯨肉も使われました。鯨肉で作った人工飼料はアカアシトキで実験が進められましたが、アカアシトキは全羽死亡してしまいました。鯨肉に含まれる脂肪酸がトキ類には合わないことが判明したのです。もし、トキそのもので試していたらと思うと、恐ろしい結果でした。

人工飼料は最終的には馬肉をベースに17種の原料をひき肉器で混ぜ合わせて作りだされました。この人工飼料はクロトキもよく食べ、飼育開始から繁殖の成功まで、実に11年の歳月を要し、1969年にはじめての雛が誕生しました。

人工飼料によって東京でのトキ類の繁殖は軌道に乗り、この技術は佐渡トキ保護センターに伝えられました。当時の佐渡では馬肉の入手が困難でマトンをベースにした人工飼料で、佐渡でもクロトキなどが繁殖するようになりました。

若鳥のときから人工飼料だけで飼われた日本産最後のトキである「キンちゃん」が36歳

まで生きたのも人工飼料の安全性を証明するものといえます。キンちゃんが安全で高栄養の人工飼料で生き永らえたことが、佐渡トキ保護センターを存続させ、日本のトキの復活を諦めずに続けられた原動力だったと思います。

トキは雑食ではなく動物食ですが、自然界では魚だけでなくカエル、イモリ、昆虫、ミミズ、カタツムリなど幅広い種類のものを食べます。魚だけで飼っていたクロトキが殖えなかったのは、アジという「自然の形をした人工食」で飼っていたからで、トキを自然物の自然食で飼うならば、何十、何百種ものえさとなる動物を集めなければなりません。

人工的に作られたえさであっても栄養的には人工飼料の方が、より自然での栄養に近いえさとしての価値があったのです。トキ人工飼料は1981年に再発見され、中国ではじまったトキの人工増殖にも使われ、トキの復活に貢献したのです。

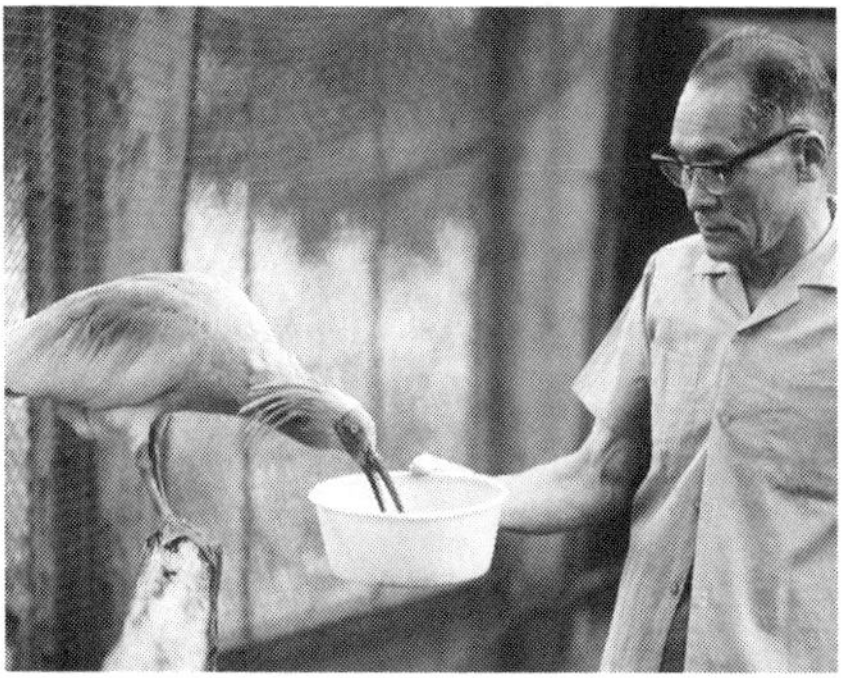

トキの保護に尽力した飼育係高野高治さんから人工飼料をもらうキンちゃん

赤字覚悟のごはん作り

1981年に野生で暮らしていた5羽のトキが捕獲され、キンちゃんを含めた6羽での繁殖の試みが開始されました。私自身もトキ捕獲の際は10日間を雪に埋もれた佐渡トキ保護センターで過ごし、捕獲されたトキの世話をしました。この10日間も動物園は変わらず営業しているので、臨時の出張をしているあいだは、同じ飼育チームのメンバーが私の穴を埋めてくれてました。

捕獲したトキたちは緑、白、赤、黄、青と、付けた足環《あしわ》の色が名前になりました。この足環は私が佐渡に出発する前に多摩動物公園で作り、持参したもので、私の手でトキたちに取りつけました。

捕獲したトキたちは静かな隔離室で飼われ、野生での主食であったドジョウから人工飼料への切り替えを行ない、わりと順調に餌付《えづ》いてくれました。雪に埋もれた田んぼでの採食に苦労していたはずで、人工飼料はトキたちにはご馳走だったようです。

人工飼料開発で参考にしたホオアカトキはモロッコやトルコに残っていた乾燥地のトキで

あり、バーゼル動物園では角切りの馬肉に栄養を調合したサプリメントを振りかけて使っていました。

一方で、私たちが開発に使ったクロトキやショウジョウトキは湿地で採食するため、えさを水につけて食べます。水田をおもな採食地にしているトキのための人工飼料にはバーゼル方式に一工夫が必要でした。馬肉をミンチにしてからサプリメントを混ぜ、もう一度ひき肉器にかけて、栄養分を水洗いしても落ちないようにして、やっと人工飼料ができあがります。

トキを絶滅から救うため、手間はかかっても完全な人工飼料を作る使命のようなものがありました。ひき肉器に指をとられ大怪我をした担当者もいて、危険もともなうえさづくりでした。

トキ人工飼料を食べて、動物園で実験用に飼われていたトキの近似種は毎年繁殖し、真っ赤なショウジョウトキの群れのように展示としても人気がありました。やがて、多摩で150羽以上、上野で100羽以上が維持されるようになったのです。

困ったのは、人工飼料の生産が間にあわなくなったことです。多摩では1日に20kgもの人工飼料が必要になり、調理に手間がかかるので、生産が追いつかなくなってしまいました。そこで、人工飼料の代用品探しをはじめました。

当時、トキ舎の池で同居していたケワタガモとホオジロガモは、小魚や貝、オキアミなどが主食でしたが、キャットフードを与えていました。魚好きのネコと、魚を主食としているカモは、同じえさで飼えたわけです。このキャットフードをクロトキもよく食べていました。ただ、トキそのものに哺乳類のネコのえさを与えるのはためらいがありました。

人工飼料の問題は動物園だけに留まりませんでした。佐渡トキ保護センターのトキたちも相変わらず、手間のかかる人工飼料を与えていました。しかし、中国から贈られたペアが1999年に繁殖に成功し、その後トキそのものも数を増やしていき、人工飼料づくりが負担になっていました。

そこで、トキ専用のペレット状の乾物飼料を開発することになりました。それまでの馬肉をベースにした人工飼料に使われたサプリメントを参考に鳥類に適した乾物タイプの人工飼料を目指しました。クマの人工飼料を作った飼料会社に相談したところ、開発技術者との交渉では限られた需要しかないので、相当高価になると指摘されました。

その後、会社に帰った開発技術者から電話がありました。社長さんからトキを救う仕事に参加する名誉な仕事なのだから赤字覚悟で協力するようにいわれたそうです。環境省も開発費用を負担することになり、新しいペレットタイプのトキ人工飼料が完成したのです。

このトキ人工飼料はシギ、チドリや魚食性のアイサなどのカモ、昆虫食の鳥にも応用できるものでした。沖縄でヤンバルクイナの飼育が開始されたころ、訪ねた私に、よい飼料はないかと相談があり、トキ人工飼料を送りました。保護したヒメアマツバメもこの新しいトキ人工飼料で育てることができ、大空に巣立っていったのです。

このような食性の広い動物食の鳥類のえさとして、需要が広がり、現在は安定した人工飼料として流通するようになりました。

最後の仕事、コウノトリのお見合い

日本ではおめでたいものとして屛風などに『松上《しょうじょう》の鶴』の図が描かれています。ツルはタンチョウですが、タンチョウは木の上にとまることはありません。これは、松の上によく巣を作るコウノトリを見間違えて描かれたのです。全体に白く、風切羽が黒いので遠目には、同じように見えてツルとして扱われていたのでしょう。

コウノトリは、かつては日本じゅうで見られた鳥ですが、1964年に福井県小浜《おばま》市で雛が2羽孵ったのを最後に、繁殖しなくなりました。やがて野生で国内に繁殖するものは姿を消し、野生のコウノトリは絶滅しました。

コウノトリ絶滅の大きな原因は農薬です。水田でえさをとることの多いコウノトリにとって、農薬は致命的でした。卵を産んでも無精卵だったり、卵の殻が薄くなったりして、卵を抱こうとする親の体重で割れてしまうようなことがおこりました。コウノトリが最後まで残っていたのは、兵庫県豊岡市周辺で、昭和30年代まで、毎年、使われていない電柱上の巣で、産卵し抱卵していましたが、雛は孵らなかったのです。

1965年から野生のコウノトリを捕獲して飼育下で農薬に汚染されていないえさを与え、繁殖を図る人工飼育計画がはじまりました。まだ、野生の生息地域とは異なる動物園や水族館で飼育・繁殖させる「生息域外保全」という言葉のない時代でしたが、最後の生息地であった兵庫県豊岡市でコウノトリの域外保全がスタートしたのです。

しかし、コウノトリ保護センターでは、何度も産卵が見られましたが、すでに農薬に汚染され繁殖能力を失うか弱めていたためなのか、雛は誕生しませんでした。

東京でも北京動物園から上野動物園に贈られた2羽や、日本に迷って飛んできて保護されたものなどを多摩動物公園に集めていました。多摩では、すでにコウノトリのなかまのシュバシコウの増殖に成功していたので、コウノトリも簡単に繁殖すると思っていました。シュバシコウは「赤ちゃんを運んでくる鳥」として人家の屋根や煙突に巣をかけるヨーロッパではおなじみの鳥です。シュバシコウは、野生でも複数の巣が数mしか離れていない位置にあることもあり、動物園でもオープンケージで数ペアが巣造りをします。

多摩でもコウノトリをシュバシコウと同じように片翼を切って飛べないようにしてオープンケージで集団見合いをしました。しかし、突きあって負傷するなどうまくいきません。コウノトリは一木一巣《いちもくいっそう》といわれ、野生では集団繁殖しません。豊岡でも同居させたところ、鋭いクチバシで相手を突き刺して殺してしまう事故が起きていました。

あるとき、テレビ番組でヨーロッパでのシュバシコウ保護の様子が紹介され、えさのラットを丸のみにしているシュバシコウの映像が流れました。なるほどと思い、さっそくコウノトリにラットを与えてみましたが、見向きもしませんでした。

ユーラシア大陸の西ではシュバシコウに、東ではコウノトリに、というふうに別々に進化しているうちに、外見だけでなく気性や食性まで異なったものになってしまったのかと思いました。トキのように近似種をシミュレーションに使って成功したものがある一方で、参考にならない場合もあると反省したものです。

私がコウノトリの担当になってからは、北海道の礼文島《れぶんとう》で保護されたオスと北京動物園から来たメスがペアになり産卵しました。4年連続の産卵、抱卵でしたが卵は無精卵で孵化しませんでした。おそらく、集団見合いのときに片翼を切ったため、交尾の際にうまくバランスが取れなかったのではないかと思います。

1985年6月にキリンとの交換で中国のハルピン動物園から5羽のコウノトリが到着します。天井を漁網で覆い、今度は翼を切らずに飼えるようにしました。放すときにオス2羽に黒と緑、メス3羽に黄色と白と赤の足環を付け、やはりそれを名前にしました。見合いも安全に行なうために、ケージ越しに行ないます。すると、翌1986年春にはオス黒とメス黄色が仲のよいペアになりました。黒・黄ペアの形成を見届け、私は14年間を過ごした多摩動物公園の飼育現場を離れ上野動物園に転勤になったのです。

黒・黄ペアは1988年に日本で初めての飼育下での繁殖に成功し、4月5日から7日にかけて3羽の待望の雛を孵し、2羽を育てました。繁殖の成功は、日本の空にコウノトリが復活する第一歩となったのです。

コウノトリの繁殖ペアづくりというおめでたい仕事が、私の多摩動物公園での飼育係としての最後の仕事になりました。

第2章

飼育係長の仕事

（上野動物園・井の頭自然文化園飼育係長時代）

ツノメドリ捕獲にアイスランドへ

1986年4月に係長になり、14年間を過ごした多摩動物公園から、上野動物園に転勤になりました。係長は、担当動物が決まっている飼育係とは異なり、担当する係全体の仕事を見ねばなりません。そのほかにも、都の動物園全体を管轄する仕事をしたり、ときには都庁通いをして当時計画していた葛西臨海水族園を担当することもありました。

1989年（平成元年）秋に、東京湾の一角に葛西臨海水族園がオープンします。ジャイアントパンダの人気で上野動物園の入園者数が年間700万人を超え、人でごった返す状況が何年も続いていたので、上野の過密対策として、園内にあった水族館を東京湾岸の海辺に引っ越し移転することになりました。広い土地を使い、奥行きのある水族館にするため、「館」ではなく「水族園」という新しい名称を使うことにしました。

葛西臨海水族園では、いままで、どこの水族館も手掛けていなかったマグロを目玉として挑戦していましたが、そのほかに水と密接に関わっている鳥も展示することになりました。そのなかに、北国の海にいる水中泳ぎの名人であるエトピリカ、ツノメドリ、ウミガラスなどの展示計画がありました。

調べてみると、エトピリカは北海道で数ペアしか確認されていないので、国内での捕獲は困難です。ウトウも候補になりましたが、天売島《てうりとう》など繁殖地では天然記念物になっていて、すぐに入手するのは難しそうです。そこで、北大西洋に広く生息し、「パフィン」の通称で親しまれているニシツノメドリを導入することになりました。

ニシツノメドリの大繁殖地であるアイスランドに出かけて、捕獲と輸送をする役目が、水族園担当係長だった私にまわってきました。飼育に携わる者として、飼育したことのない動物を捕獲から飼育、展示、繁殖まで、すべて手掛けるのは夢のような仕事です。生息地まで出かけて捕獲する機会など、めったにないのですから、張り切って引き受けました。

下調べと輸送手段を検討するために久田さんとアイスランドの首都レイキャビークに現地入りしました。久田さんは、初代上野動物園水族館館長で、多摩動物公園園長を定年退職後は水族園建設のアドバイザーとして活躍されていました。水族園という名の生みの親であり、多摩時代にはカリガネやノウサギの論文を厳しく丁寧に指導していただいた大先輩です。

アイスランド南岸にあるウェストマン島に、400万羽ものニシツノメドリが繁殖していることがわかりました。ニシツノメドリは繁殖期の夏の短いあいだだけウェストマン島にやってくるので、捕獲するのも夏しかありません。

ニシツノメドリの親は、クチバシに魚を何匹も、めざしのようにくわえて、巣穴にもどってきます。エトピリカやウトウなど同じなかまでも見られるのですが、海中で、どうやって何匹もの魚をきちんとくわえるのか、その方法はわかっていません。

ウェストマン島で撮影した絶壁に立つニシツノメドリたち

ウェストマン島の人々は、この魚をくわえて巣穴にもどって来るニシツノメドリを獲って、食料にしています。アイスランドのような北極に近い寒い場所では、ニワトリを飼うのは大変なので、鳥肉は猟期を決めて、海鳥やライチョウを昔から食べていたのです。

8月のアイスランドは白夜です。夜遅くまで明るく、ようやく暗くなって町に明かりのつくころ、巣立ち間近のニシツノメドリの雛は、巣穴からはい出してきます。海面を目指して絶壁の上から飛び降りるのです。

巣立ちがはじまると、毎晩のように子どもたちが、ダンボール箱を持って外灯の下に集まります。外灯の光を、海面の輝きと間違えて飛び降りてくるニシツノメドリの巣立ち雛がいるからです。子どもたちはこの雛を拾い集め、翌朝、海に放してやります。日本の子どもが明かりに集まるカブトムシを捕まえる昆虫採集のような、夏休みの楽しみなのです。

私は、ニシツノメドリの捕獲に張り切っていたのですが、期待は裏切られました。捕獲ができなかったのではなく、する必要がなかったのです。ウェストマン島の水族館が、子どもたちの拾ったニシツノメドリを集めておいてくれたのでした。

全部で22羽を子どもたちから集め、輸送箱も作ってくれました。箱の中には丸い塩化ビニール製の筒が10本入っていて、その中に鳥を入れています。もともと穴の生活に慣れた鳥ですから、これで十分というわけです。

ニシツノメドリの入った輸送箱をふたつと予備個体2羽を入れたダンボール箱をもってウェストマン島からレイキャビークに戻りました。一晩ホテルで鳥たちといっしょに過ごし、翌朝22羽が元気なことを確認してから20羽を選び、レイキャビークの空港からロンドン経由で東京に送り出しました。

鳥を送り出したこと、えさの種類や量のことなど、こちらの情報は持参したファックスを使って上野動物園に送りました。当時はウェストマン島にはファックスがないことがわかっていたので、日本から持っていき、迅速に上野動物園に情報を送っていました。

このファックスは最後にウェストマン島の水族館にお礼も兼ねて寄贈してきたので、その後の情報交換にも役立ちました。予備に島から連れてきたニシツノメドリ2羽を海に返しに行き、あとは無事着いたという東京からの知らせを待ちました。

数日後、ニシツノメドリたちは、ロンドンでの乗り換えもうまくいき、日本に到着したという旨のファックスが届きました。残念ながら1羽が死亡していましたが、19羽は元気に上野動物園の動物病院で検疫を受け、オープン間近の葛西臨海水族園に送られました。

日本の水族館では、鳥はペンギンやペリカンしか飼っていませんでした。水中を翼で飛ぶように泳ぐニシツノメドリたちの展示は、日本でははじめてです。この成功ののち、各地の水族館でニシツノメドリを飼う水槽が増えていきました。このアイスランド出張からはじまった新しい試みが、日本各地の水族館に伝わっていったのです。

チンパンジーのえさでゴリラを飼育

私が動物園に就職したころ、動物園の役割は「教育」「研究」「レクリエーション」「自然保護」の4つと習いました。その後、20世紀後半になって、動物園の使命として「種の保存」と「環境教育」があげられるようになりました。

このふたつの課題は、先の4つの役割が発展したものです。日本の動物園では、この新しくクローズアップされた分野は、欧米に比べて遅れていました。ヨーロッパでは種の保存や環境教育に力を入れていない遊園地的動物園が市民運動によって閉園に追い込まれていたほどです。

上野動物園、多摩動物公園、井の頭自然文化園、葛西臨海水族園、大島公園の5つの動物園を運営する東京都でも、21世紀の動物園への脱皮は緊急課題でした。この遅れを取り戻すべく、東京都の動物園は、稀少動物の計画的な飼育・繁殖を図る「ズーストック計画」を策定し、1989年にスタートします。この計画は20世紀最後の仕事として、2000年までの12年間にわたり実行され、動物園の新しい方向性を明確にする役割を果たしました。

5つの動物園で50種の希少種が対象になりました。上野動物園は、ジャイアントパンダ、ゴリラ、スマトラトラなど、は虫類6種を含む計16種が担当でした。

上野動物園のズーストック計画第1号「ゴリラ・トラの棲む森」は、1991年に着工し、ゴリラ第一放飼場が1993年暮れに完成し、翌年一般公開されました。ゴリラの第二放飼場やトラの森など、施設全体が完成したのは1996年のことであり、総工費48億円と5年の歳月を費やしています。

このうち、最後に完成した「トラの森」の建設費10億円は日本宝くじ協会からの助成金です。この年度の助成金は新宿駅から都庁への「動く歩道」が対象でしたが、ホームレス排除という暗いイメージをともなったため、「トラの森」という明るい動物園事業に突然振り返られたのでした。

ゴリラの森完成前から、旧ゴリラ舎で、ゴリラの森への引っ越しに備え準備が行なわれました。かつてゴリラの飼育は衛生面優先で寝室はタイル張り、放飼場は全面コンクリートで土も草もない殺風景なものでしたが、新しい放飼場の床は土で草も生え、寝室の床には麦わらを分厚く敷き、天井にはハンモックを吊れるようにしました。

そのころ、野生のゴリラが草や水草などを多量に食べるという報告が研究者からもたらされていました。いままでは衛生的な配慮から、ゴリラには野菜や果物をきれいに洗って与え、汚れの落としにくい牧草は与えていませんでしたが、新施設での飼育方法の変化に対応するため、思いきってゾウやキリンに与えている牧草を与えてみることにしました。

当時飼育されていたゴリラの「ブルブル」にとっては、1957年に上野に来てから35年目ではじめて食べる牧草です。万が一の場合は抗生物質を与えようと覚悟して牧草の束をゴリラの放飼場に置いてみたのですが、ブルブルは青々とした草を握りしめ、うまそうにむしゃむしゃと食べはじめました。以来、腹を壊すどころか固い良い糞をするようになりました。

はじめての動物を飼うとき、えさなどはどうしても近似種を参考にしてしまいます。たとえば、ゴリラ初来園のとき、上野ではチンパンジーが飼われていました。樹上生活のチンパンジーの主食は果物なので、チンパンジーに習いゴリラのメニューもバナナなど果物を中心にしていました。

しかし、野生のゴリラはウマのように大量の草を食べ、腸内のバクテリアの助けで栄養を摂取しています。果物中心に飼っていると栄養過多になり、日本じゅうのゴリラのオスが200kgを超えるメタボゴリラになってしまいました。

ブルブルがはじめて見た牧草をうまそうに食べている姿を見て、私はいままでずっとチンパンジーのえさでゴリラを飼っていたのではないかと、ふと思いました。同じアフリカのジャングルに生息していながら、別々の種に進化したのは、この2種が食べ物をはじめ、異なる生き方をしていたはずだと、もっと早く気づくべきだったと反省したものです。

えさを変えたことで、ブルブルの1日あたり摂取カロリーは約7400カロリーから、半分以下の約3600カロリーになりました。現在の上野動物園のゴリラのメニューにはバナナは無く、代わりに1頭あたり2kgほどの青々とした牧草が入っています。

ゴリラの森のすみ心地はどうだったでしょうか。ブルブルは足痛を患っていましたが、新しいゴリラの森に引っ越すと、土や草の感触に満足そうで、「トヨコ」とのあいだに性行動も復活しました。

しかし、39歳の高齢であり子は残さず、1997年11月1日に43歳で死亡しました。解剖の結果ブルブルの足から鉄の散弾が見つかりました。幼いときに受けた散弾が長いあいだ患っていた足痛の原因だったのでした。

世界各国からゴリラ集め

飼育環境を向上することができたので、次は繁殖に向けて取り組まねばなりません。いままで、日本の動物園にいるゴリラのほとんどが、子どものときから兄妹のように飼育係によって育てられていました。

しかし、ゴリラは小さいときからオスとメスをいっしょに育てると、性成熟してからも兄妹のような関係になり、繁殖行動をしないことが多いということが、当時明らかになりました。ブルブルとともに飼われていたメスの「ムブル」も、ブルブルとの繁殖を期待されながら、子を残すことなく死亡しています。

かつては欧米の動物園も同様でしたが、日本より早く、BLに取り組んでいました。別の動物園からその個体に適した相手を貸し借りして、お見合いを行ない、新しいペアを誕生させていたのです。

この取り組みにより、野生のような家族中心の群れを形成し、1970年代には毎年10頭以上が繁殖するようになっていました。1992年の1動物園あたりの飼育頭数は日本が1・96頭であるのに対し、アメリカは6・37頭、ヨーロッパは5・58頭です。

上野動物園でも、共同繁殖を目指し日本各地の動物園からゴリラをBLで集め、群れ作りを進めました。1993年に広島市安佐動物公園から「ピーコ」、同年に別府ケーブル楽天地から「リラコ」、多摩動物公園からオスの「サルタン」、東武動物公園からリラコの娘「ローラ」、宮崎市フェニックス自然動物園からオスの「ドラム」が上野にやってきました。

外国からもスウェーデンのコールモーデン動物園にいたオスの「ビンドンII」をスペインのバルセロナ動物園から借り、1995年10月24日に上野に到着します。ちなみに、ビンドンIIの父親は、真っ白なゴリラ「スノーフレイク」です。父親は突然変異のアルビノだったのですが、息子のビンドンIIは普通の毛色のゴリラでした。

なかでも思い出深いのが、多摩からきたサルタンです。小さいときは私も抱っこして遊んだりしたのですが、上野で再会したときは立派な成獣のオスになり、繁殖の第一候補として期待されていました。

実は、私は多摩時代からサルタンとの相性はあまりよくありませんでした。動物にも好き嫌いがあり、ゴリラはその典型で、オスとメスを同居させるのもなかなか困難です。人に対しても好みがはっきりしています。サルタンは多摩時代も、嫌いな人にはキャベツを投げつけたりしていましたが、上野にきてもその性質は変わっていませんでした。

サルタンは、大きな男性、髭を生やした人物、制服のガードマンなど、権威的に見える人間を嫌いました。当時の飼育係は2名が女性、男性の2名も物腰の柔らかい優しい人たちだったので、サルタンも慕っていました。

私がサルタンの前で飼育係と話しをするとき、事柄によっては命令調になってしまうこともあったようで、サルタンは自分の大事な人をいじめていると思っていたのかもしれません。そう悟ってからは、サルタンの目線を感じたときは、低姿勢にペコペコしながら会話することを心がけたものでした。

国内外の動物園から8頭のゴリラが集まったので、群れ飼育に移行します。さまざまな構成を試したものの、幼いときから飼育係が育てたゴリラばかりだったこともあり、群れにはなじめず、繁殖には結びつきませんでした。

そんななか、1997年に群れ育ちのオス「ビジュ」がイギリスのハウレッツ動物園からきて、群れの再編を行ないました。ビジュは当初、同年に京都市動物園からきていた「元気」とのあいだで繁殖が期待されましたが、なかなか成功しません。

1999年には静岡市日本平動物園からきた「トト」、千葉市動物公園からきた「モモコ」の2頭のメスも加わりました。すると、ビジュは同居2日後にモモコと交尾しました。

やっと産まれた赤ちゃんゴリラ

モモコの妊娠が確実になり、出産予定日が近づくと、飼育係や獣医が交代で泊まりこみ、出産に備えました。徹夜をしてまで出産に備えたのは、上野ではじめてのゴリラの出産だったからというわけだけではありません。はじめて母親になるゴリラの2割近くは、正常な育児ができないという世界的なデータがあったからです。

ゴリラに限らず、人間が育てた類人猿のメスには育児放棄や子育てできないケースがよくありました。生まれてきた子を異物のように扱い、壁に投げつけてしまったチンパンジーがいましたし、乳の与え方がわからないオランウータンに飼育係が介添えして乳頭の位置を教えたこともありました。

さて、モモコのお産に対して私たちは万全の対策で臨んでいましたが、予定日になっても陣痛もはじまりません。心配になり、東京慈恵会医科大学の有廣《ありひろ》忠雄教授に診察をお願いしました。ゴリラは最も人に近いヒト科動物ですし、人の産婦人科のお医者さんに相談することにしたのです。

有廣先生は若い看護師さんをともない、ゴリラ舎に入り、麻酔をかけて眠っているモモコを診察しました。先生は診察を終えると、

「私も半世紀ほど産婦人科として数知れぬ妊婦さんを診てきましたが、ゴリラの妊婦さんははじめてです」

と、にこにこしながらおっしゃいました。先生の目は嬉しそうで、大丈夫なのだなと伝わってきました。先生の「明後日くらいでしょう」という一言にホッと安心したものです。

そして、2000年7月3日、モモコに待望のオスの子が誕生しました。私も前日から泊まりこみで、飼育係といっしょに出産に立ち会い、モモコを励ましていました。無事の出産かどうか、子は生きているか、元気かを確認するため、私が懐中電灯でモモコを照らし、飼育班長の今西亮さんが撮影したのです。こんなことができたのは、モモコが私たちを群れの一員として認めていたからだと思います。

モモコは生まれた赤ん坊を片手で受け取ると、両手で大事そうに抱え込み、赤ん坊の顔を口の中にすっぽりと入れ、口や鼻や耳に溜まっている羊水をきれいに吸い取ってやっていました。このように、人間ならお医者さんや産婆さんがしてくれることを、野生動物は

すべて自分でします。

幸いにも、モモコは出産も育児もきちんと行なえました。モモコの子育てぶりから、モモコは7歳で日本にやってくるまで家族群で育ち、母親が弟や妹を育てるのを見ていたようにも思えました。

モモコは100kgを超す大きな体に似合わず、丁寧に赤ん坊を扱いました。2日後にはじめてミルクを飲ませているのを見て、ようやくホッとしました。哺乳類の子が生まれたとき、最初のミルクである初乳《しょにゅう》を飲むのを確認できたら、飼育係は一安心します。初乳には母親のもつ免疫物質が含まれ、タンパク質や脂肪の含量が高く、ビタミン類も豊富で、子の生理機能を整え消化器を保護し、柔らかい胎便の排出をうながすからです。

日本で12年ぶり8番目に誕生したこのゴリラの赤ん坊は、一般公募によって「モモタロウ」と名づけられました。モモタロウは上野動物園でははじめての子どものゴリラで、1957年のゴリラ初来園以来43年目にしてやっと誕生にこぎ着けた待望の第一子です。国内外多数の動物園の共同繁殖の成功であり、ズーストック計画がもたらした大きな成果となりました。

2歳を迎えたモモタロウは、モモコとともに千葉市動物公園に里帰りします。きっかけは、父親のビジュが1999年10月28日に誤嚥《ごえん》による窒息で死亡したことでした。ビジュが生きていれば、そのまま上野で飼育を続け、次の繁殖を目指したでしょう。

　ビジュを失ってからも、繁殖計画は続けられました。その後も何頭ものゴリラを迎えましたが、なかなか繁殖にはいたりません。ときがたち、2007年、シドニーのタロンガ動物園からオスの「ハオコ」が上野に来園します。ちなみに、同時期に東山動植物園にやってきたゴリラの「シャバーニ」はハオコの弟ですが、彼はイケメンゴリラとして一世を風《ふう》靡《び》しました。

モモコ母さんとモモタロウ

　オスなのにハオコという名前なのは、生まれ故郷であるオランダのアッペンドールン動物園でゴリラを研究し30代の若さで亡くなったハンス・オットー・コフさんを記念して頭文字3つを取ってつけられたからでした。

　実は、ハオコがやってくる12年前から、来園についてアッペンドールンの同意も得ていました。なぜこんなに遅れてしまったのかというと、EEP（ヨーロッパ絶滅危惧種保存計画）のゴリラ繁殖計画会議で、上野動物園への貸与を否定されてしまったからでした。遠い極東の地に群れを送ってしまえば、ヨーロッパのゴリラ繁殖計画に支障が出るのではないかと危ぶまれたのです。

しかし、ハオコは、ビジュと同様に群れで育ったオスであり、繁殖が期待できます。ぜひ上野に迎えたい……首を長くして待ち続けて、ようやくハオコは上野にやってきました。ハオコの相手は、上野初の子ゴリラモモタロウの母親となったモモコです。ふたたび千葉市動物公園から貸与され、国際規模でのBLが行なわれました。

モモコはハオコと同居するとすぐに交尾し、メスの子「コモモ」を出産します。このころ京都市動物園でメスの元気とペアになった長男モモタロウにも子ができ、モモコは子と孫が同時にできて、おばあさんにもなったのです。

野生のゴリラは群れで暮らし、群れのなかで子は育ち、子が1歳くらいになると母親は、子育てを父親に委ねるようになります。コモモがゴリラの子として育つ鍵を握っているのは、父親のハオコの存在です。

コモモが産まれた日、ハオコは柵越しに我が子をじっと見つめ、部屋から放飼場へ出ようとしませんでした。子どもの存在に戸惑っていたのでしょう。5か月待って、やっと我が子と直接対面が実現しました。

子育ての長いあいだ同居していなかったからか、モモコはハオコが近づくと向きを変え、コモモを隠し、追い払いました。しかし、時間をかけて少しずつうちとけ、ある日、ハオコがコモモをのぞきこむと、そっと触らせてもらえました。

ゴリラの子は父親に遊んでもらいながら、ゴリラ社会のマナー、ルールを学び成長します。そのうちに、ハオコの大きな背中に乗り、腕にぶら下がるコモモのかわいい姿が見られるようになりました。

コモモ誕生の4年後には、モモコの3番目の子「モモカ」が生まれます。いままでは、夜はそれぞれの寝室で過ごしていたのですが、このころには、昼間だけでなく夜間もオスのハオコも含む群れで一日じゅう暮らすようになり、モモコはハオコやコモモのいる大部屋で早朝に出産しました。

コモモは母親の出産に立ち会い、その後も子育てを見守るだけでなく、上手にモモカをあやし、遊び相手をしていました。将来コモモも子育て上手な良い母親になることでしょう。日本のゴリラにも少し明るい兆しを感じています。

安全性をとるか、「らしさ」を生かすか

上野動物園に転勤になり、それまで過ごした多摩動物公園とのギャップを感じるようなことが何度かおこりました。

たとえば、秋には「例年、伸びて固くなったヤクシカのオスの角を切っている」という報告を受けました。切らなければメスを刺殺してしまうので、上野では毎年秋にシカの角切りをしていたのです。

ヤクシカは多摩での最初の担当動物ですが、多摩では角切りをしたことはありません。多摩では2か所ある広い放飼場に2群が飼われ、常に50頭前後がいました。そのなかに角のある成獣のオスも数頭いましたが、事故は起きていなかったのです。

「オスジカのシンボルである角を切ってしまったらシカらしさはなくなってしまうのではないか」という気持ちが強く働きました。上野は多摩ほど広い放飼場ではありませんが、数頭しか飼っていません。さらに成獣オスは1頭しかいないのです。私は角切りの必要はないと判断しました。

ところが、ある朝、夜のうちにオスがメスを角で刺し殺してしまったと報告を受けました。やはり、上野の放飼場の狭さは致命的で、オスのシンボルである角を切らなければ、飼育できなかったのです。

この経験をいかし、新たに飼うことになったエゾシカは、オスだけを飼うことにしました。エゾシカのオスは日本最大のシカであり、最大の野生有蹄獣《ゆうていじゅう》で、立派な角を持っています。オスのシンボルである角を切ったオスジカはヤギや子ウシのようで迫力を失ってしまうので、角を切らずに飼いたいと考え、メスの飼育を諦めたのです。

旭山動物園から2頭のオスの子ジカを贈ってもらいました。これで安心かと思いきや、2頭のオスは角が秋になって伸びてから闘争し、1頭が角で突き殺されてしまいました。

エゾシカは北海道では増えすぎ、地元では森林や牧草の被害から駆除対策に頭を痛めていますから、種の保存や域外保全の対象とする必要のない動物です。1頭になってしまいましたが、あえてメスを飼わず、繁殖よりは立派な角をつけたオスの展示を優先し、このまま飼い続けました。

多摩の飼い方と上野の飼い方

上野の飼育係の掃除は丁寧で、毎日放飼場の糞の一粒たりとも残さずにきれいに取り去ります。園の面積が狭いため汚れや糞が目立ち、お客さんに不快感を与えてしまうので、一生懸命掃除をするのです。

一方、多摩では広い放飼場に群れで飼っている動物が多く、糞を一粒残らず取り去るなど不可能です。そのため、日々の掃除は小掃除として、休園日には大掃除をします。キリンやゾウの放飼場は小型ブルドーザーを使って土の入れ替えなどを行なっていました。

毎日きれいな上野でも、休園日は大掃除の日です。たとえばカバのプールも殺菌消毒剤でもある「さらし粉《こ》」を使ってきれいに掃除しています。飼育係はマスクをして掃除をしていましたが、立ち会ったときには目が痛くなるほどでした。

しかし、あまりきれいに掃除をしても、動物たちのためにはならないこともあります。たとえば、カバは自分の棲みかに尾で糞をまき散らす習性を持ちます。身のまわりが自分の臭いに満ちていると落ち着くので、大掃除のあとはあっという間に壁に糞をまき散らされてしまいました。

ほかにも、多摩のタヌキ舎では、水洗いや消毒はせず臭いが残る程度に糞掃除をしていましたが、多摩が大雑把《おおざっぱ》なわけではありません。タヌキなどの群れをもつ動物が公衆便所のようにして一か所にする糞を「ため糞」といいますが、この臭いはナワバリのアピールともなるため、すべて取り去ってしまうとタヌキが便所を探して落ち着きを失うからです。

お客さんの多さ、お客さんからの距離など、掃除の仕方にも上野と多摩では違いを感じたものです。

多摩ではキリンが半世紀のあいだに160頭ほど生まれ、当時は日本じゅうの動物園、東アジアの動物園から、キリンを求められて引っ張りだこでした。繁殖成績が良かったのは、導入時にオス1頭とメス3頭の小規模ながらも群れ飼育でスタートしたことと、広い放飼場で運動量を確保できたことだと思います。

夏は放飼場に出しっぱなしにしていたのも良かったのでしょう。夜、室内に入れてしまうと、室内16時間、放飼場8時間なのに対し、夜間も放飼しておけば、24時間を自由に歩いたり走ったりすることができ、単純計算でも3倍の運動量を確保できるのです。

上野の動物舎の多くは、寝室を兼ねた室内展示室があります。キリンも午後3時ころに部屋に入れて、お客さんは室内通路から間近に見えるようにしていました。このやり方では放飼場で運動できる時間は6時間しかありません。せめて夏くらいは日も長いのですから閉園ギリギリまで出しておくように、飼育係に指示しました。

ところが、上野のキリンは3時になると扉の前にきて、早く室内に入りたそうに待っています。しまいには扉を押し壊しそうになり、この試みは一日で中止になりました。同じように運動量を確保するためシロサイも閉園時間まで出しておくように指示したのですが、試みたその日にいつもなら3時になると開く扉が開かないので、角で扉を押して壊してしまいました。

多摩動物公園は、稀少動物を数ペア維持したり、本来は群れで生活をおくる動物は群れ飼育をしたり、狭い上野動物園ではできないことをするために、上野の分園として1958年に開園しました。

キリンの繁殖は群れ飼いの成果で、私はそのような飼育職場で最初の14年間の動物園人生を送りました。上野に転勤後、しばらくして感じたのは多摩と上野のギャップだったのです。

多摩的な飼い方を試みてうまくいったものもありますが、上野が一世紀以上にわたって培ってきた飼育方法を変更することは容易ではありませんでした。

ライオンのいない動物園

一昔前の世界の大きな動物園には、必ず「ビッグキャットハウス」と呼ばれる動物展示施設がありました。この「大きなネコたちの家」の住人とは、ライオンやトラをはじめヒョウ、ジャガー、ピューマ、チーターなど大型のネコ科動物です。

いまでもこうした施設が残っている動物園もありますが、最近の傾向として、同じなかまを並べる分類展示よりは生態や行動を重視した展示が多くなりました。上野動物園でも1991年まで存在した「猛獣プロムナード」がこのビッグキャットハウスでした。

動物園が取り組まねばならないズーストック計画のテーマは、稀少動物の「種の保存」です。いままでのようにいろいろな種類を並べて飼うのではなく、種の保存が必要な動物を重点的に飼おうという潮流のもと、猛獣プロムナードは取り壊され、この跡に現在のゴリラの棲む森やトラの棲む森ができました。

さらに、大型ネコ科動物の飼育頭数を減らすことになりました。ズーストック種は複数ペアを飼い、子孫の一部も維持するため、十分なバックヤードが必要だったからです。

この計画は2000年まで進められ、このあいだの上野動物園は「ライオンのいない動物園」になりました。上野動物園はビッグキャットとして稀少なスマトラトラの増殖に取り組むことが決まり、ライオンだけでなくヒョウやジャガーなど他のビッグキャットも姿を消しました。

ズーストック計画を進めていた上野動物園の象徴的な姿が、この「ライオンのいない動物園」でした。ズーストック計画では、希少種の繁殖効率向上のために分担園を決め、ひとつの施設で動物を集中的に管理しました。大型ネコ科動物は上野がスマトラトラを担当し、ライオンは多摩へ移されることになったのです。

1991年、上野動物園100周年の際に多摩動物公園から来園したライオンの「アツシ」「ヨシエ」が多摩へと帰っていきました。このときから、「なぜ、上野にライオンがいないのか」「ライオンが見たい」という質問や要望、抗議が寄せられるようになりました。投書箱への投函は、ライオンのいないことへの失望や抗議、ライオンを飼ってほしいという要望がずっと第1位を占めるようになったのです。

上野動物園では、開園からの20年間と戦争中の猛獣処分による6年間、そして今回の11

年間にわたりライオンのいない期間がありました。長いあいだ不興を買っていたライオン問題は、ズーストック計画の計画期間が終了してから解決します。2002年3月に横浜動物園ズーラシアからインドライオンがやってきたのです。11年ぶりに上野にライオンが復活しました。

待望のインドライオン、モハン

横浜では繁殖したインドライオンの子がすべてメスで、当時オス1頭に対しメスは8頭もいました。そこで、一か八かメスの「チャンディ」を妊娠させてから上野に運ぶことにしました。たてがみのないメスでしたが、ライオンが復活すると投書はなくなりました。

チャンディは妊娠を確認し、体調が安定してから上野へ運び、やがて3頭の子を生みました。子どもたちの名はインド大使に付けていただき、オスは「モハン」、メスは「シャクティ」と「アニタ」と名づけられました。モハンは立派なたてがみを持つオスライオンに成長し、来園者に上野のライオンとして安心感と満足感を提供しています。

トラの森の展示エリアはふたつあり、インドライオンの隣にはスマトラトラがいます。現存するトラのなかでは一番小型のスマトラトラは野生では500頭を割り、飼育されている個体は200頭ほどです。動物園で殖えたトラを野生に戻して、自然界で生きるトラを増やせばよいように思うでしょうが、猛獣の野生復帰はなかなか難しいのです。

インドネシアでは、ジャワ島での人口増加をスマトラ島などへの移住という方法で緩和してきました。移住はトラやゾウの棲んでいた森を農地や宅地に変えることで実現するわけで、当然野生動物と人間との摩擦が生じます。やっと人間の生活基盤ができたというところに、ふたたびトラを放すなどということは、生活している人にとってはとんでもないことなのです。

こうした世界の事情を考慮して、一時上野からライオンが消えたというわけですが……現在は保全も大事ですが皆さんの楽しみも両立させたい、という考えから、トラの森にスマトラトラとインドライオンが隣り合わせで飼われるようになりました。

世間を騒がせた矢ガモ事件

1993年の冬に世にいう「矢ガモ事件」がおこりました。石神井川で背に矢が刺さったカモが発見され、連日大きく報道されていたのです。私はコウノトリの会議のため出張していた神戸で、朝刊を見て矢ガモのことを知りました。バカなことをする奴がいるものだということが最初に脳裏に浮かび、発見されたのが石神井川で、もし不忍池だったら動物園は今ごろ大変だろうと思っていました。

不忍池の矢ガモ。メスのオナガガモだった

ところが、出張から帰ると、不忍池に矢ガモが飛んできていて、神戸での懸念が現実になっていました。急きょ、矢ガモ救出チームが編成され、当時不忍池を管轄する西園飼育係長が手術のため休んでいたので、私がチームの現場責任者になりました。

園外のボート池とハス池に矢ガモが来ていると情報が入ると、網をもって駆けつけるのですが、マスコミに追われ矢ガモ捕獲どころではない事態でした。そこで、捕獲は園内の池に入ったときにすると決めて、カモが園外の池にいるときには、マスコミに囲まれないように網は持たず動物園の服を私服に着替えて偵察に行きました。

動物園の職員全員に矢ガモマップを配布し、矢ガモを見たら場所と日時、行動を記入するようにしました。数日後に矢ガモマップを集計すると、矢ガモがよく休んでいる場所がわかりました。池にかかる橋のたもとで、当時工事予定のため通行禁止にしていた静かな池畔《ちはん》です。ここならば矢ガモも安心して休め、マスコミが押し寄せて飛ばしてしまう心配もありません。

丸鋼《まるこう》と呼ばれる棒状の鋼を溶接して畳一畳ほどの枠をつくり、漁網を張って捕獲網にして、矢ガモが石神井川に行っているあいだにテグスで吊ってセットしました。マスコミも石神井川に集結していたので外部には気づかれずに準備することができたのです。

矢という目立つ標識を背負った矢ガモから、いくつかの発見がありました。5分ほど前に石神井川を飛び立ったという板橋区からの電話で、不忍池へ急行すると、矢ガモはすでに池畔で羽を休めているのです。

矢を負ったカモでさえ、こんなに短時間で行き来できるのだから、オナガガモをはじめ都内やそのまわりで越冬中のカモたちは、かなり頻繁に往来し、えさ場や休憩場所を選んでいるはずです。

盛んに流されるテレビの映像では、矢ガモは人々に追われて落ち着かないだけでなく、背に刺さった矢が異様に見えるらしく、同種のオナガガモからも敬遠され、孤独な様子でした。矢ガモが飛んできてカモの群れの中に降りようとすると、同類のオナガガモでさえ避けるように散らばり水面がポッカリと空き、そこに矢ガモは着水するのです。

日中、担当を持っている飼育係は忙しいので、私が園内見回りがてら、矢ガモの仕掛けを確認していました。確認は仕掛けを置いた池畔の対岸にある虫類仮設舎にセットした望遠鏡で行なっていました。ある日、網の下にはペアのオナガガモがいて、矢ガモは射程ギリギリの岸辺で休んでいました。これなら入るかもしれないと、騒ぎにならないよう一人でハサミを手に橋を渡りました。仕掛け網はテグスで固定してあり、ハサミでテグスを切ると網が落ちるようになっていたのです。

仕掛け網を吊ってあるテグスの前で、双眼鏡で観察しながら矢ガモが網の下へやってくるのを待ちます。矢ガモが動き、こちらへ近づいてくるとペアのオナガガモは避けるように仕掛け網の下から出て行き、場所を譲りました。

矢ガモは日当たりの良い定位置にくると、すぐに頭を背中の羽に入れて寝てしまいました。いまがチャンス！　と、双眼鏡で矢ガモを見ながら、ハサミを握りましたが、仕掛け網は落ちません。

なにかに引っかかったのかと思い、あわてて双眼鏡から目を離しハサミを見ると空を切っているではありませんか。私もかなりドキドキしていたようです。今度は慎重に、ハサミがテグスに引っかかるのを見極めながら、テグスを切りました。

こうして、矢ガモは無事に保護されました。動物病院でレントゲン検査をすると、急所を外れているのがわかり、矢は簡単に抜くことができました。12日間の療養後、環境庁の標識リングを付けてふたたび不忍池に放されましたが、何もなかったような見事な飛翔で大空に消えていきました。

私たちはこの矢ガモ救出を隠密作戦で、すべて秘密裏に行ないました。テレビは盛んに石神井川での捕獲作戦を放映していて、そのうち新聞に上野動物園はなにをしているのか、矢ガモを助ける気があるのかという記事が載りました。テレビでも評論家の先生が「動物園は矢ガモ救出に不熱心だ」とコメントされていました。

当時の中山恒輔飼育課長は、動物園の作戦を話せばマスコミに追いかけられ矢ガモ救出のチャンスを失うと、「作戦は公表できない」とマスコミへの盾になってくれていたのです。矢ガモ保護の一報が入ったとたん、同じ評論家の先生が「さすが動物園は動物のプロ集団」というコメントをされていたのが印象的でした。

矢ガモの保護と治療、野生復帰の一連の仕事は、「矢負いのオナガガモ救出グループ」として、その年の知事表彰に選ばれました。鈴木俊一知事からいただいた表彰状には、「あなたがたは長年にわたる動物飼育の経験と知識をいかし背中に矢の刺さったカモを保護して治療を行ない無事野生に戻して都民の期待に応えるとともに都政の評価を高めました」とあります。

ゾウの立ち番

朝、出勤して飼育係長として最初にすることは、各班からあがって来た飼育日誌に目を通すことでした。もし、異常があった場合、当然担当者から直接の報告を受けるのですが、担当者と会えないときでも、日誌に目を通すと前日の動物たちの様子がわかります。

何か心配事のある動物がいた場合は、その動物舎に行って動物の様子を見たり、担当飼育係から話を聞いたりしていました。問題がないときは、事務所を出て、和鳥舎やツル舎などの寝室のない動物と、出し入れしないケージに出しっぱなしの鳥たちを見ながら、パンダ舎へ行きます。

私の気持ちはパンダもゾウも小鳥たちも、動物たちはみな平等です。しかし、どうしてもまずパンダ舎を覗き、パンダに異常がないか確認しなければ、落ち着いて仕事を進められないような目に見えないプレッシャーのようなものがあったような気がします。それほどに、上野動物園はパンダの飼育に大変な期待をされていたように思います。

パンダの動きなどを注視し、飼育係に様子を聴き、食べ残した竹や糞を見て、昨日は食欲があったと安心して、エゾシカの「トン君」のいる日本の動物コーナーをまわってから、ゾウ舎に行ってゾウの立ち番をしました。

ゾウの立ち番とは、飼育係が朝、ゾウ舎の掃除をしているあいだや、ゾウを放飼場に出すとき・入室するとき、放飼場での訓練をするあいだなどに監視をすることです。各地の動物園で起きたゾウによる人身事故が、たいてい一人だけで作業をしているときに起きていて、複数人でゾウを扱っていて人の目が多いときには重大な事故はほとんど起きていなかったことから、この制度が生まれました。立ち番は作業をせずにゾウと飼育係の動きを観察、監視するわけで、ゾウにも人間のそうした緊張感が伝わるのかもしれません。

私が園長になってからも、ゾウによる人身事故があり、飼育係の河原林裕君の若い尊い命を失いました。このときは係長の立ち番が終了し、班のメンバーが猿山やホッキョクグマ舎に散ったあとの出来事でした。オスゾウを見る目が河原林君だけになったときに牙で突かれ、その瞬間はだれにも目撃されませんでした。

河原林君はタイにゾウ飼育の研修に行くほど夢中になってゾウに取り組んでいました。ゾウ調教について熱意を込めて語り、まじめにゾウに向き合っている彼を信頼しすぎてしまったのです。

ゾウを一人で調教することに対し、危険でありルールに反すると注意し、必要なら係長の立ち番時間を延長するなど対策を講ずるべきでした。河原林君の事故は、私の動物園人生のなかで、いまでも後悔の念に駆られる、悔やんでも悔やみきれないことです。

コイは池の邪魔者?

1997年、11年間務めた上野動物園の係長から、井の頭自然文化園に転勤になりました。ここは武蔵野の雑木林に囲まれた動物園で、池畔に水生物館という水族館があります。雑木に囲まれた入り口を入り、事務所にあいさつに行き、辞令を受け取るときになって、急に鼻水と涙が止まらなくなりました。

まわりの人から、上野から井の頭への転勤が嫌なのではと思われはしないかと、何回もハンカチで涙を拭いました。事務所の入り口には、イヌシデの大木があり、地面はイヌシデの花粉で真黄色になっています。井の頭に転勤して、最初にこの黄色い花粉の洗礼を受けてしまったのです。

私は奥多摩や富士山にバードウォチングに行ったり、テントを張って夜行性動物を夜通し観察したり、自然には十分に受け入れられているという自信がありました。まさか49歳にして、それまで自分には縁のないこと、と思っていた花粉症を患うことになったのです。

というわけで「いつから花粉症なのですか?」と尋ねられると、「1997年4月1日からです」と即座に答えられます。

井の頭自然文化園は、だれもがよく知っている絵本に出てくるような動物たちを中心に飼育していました。これまで私が熱心に取り組んできた日本の動物たちと家畜や家禽《かきん》もたくさんいて、花粉症の涙とは裏腹に、期待を胸に転勤したのです。

勤めはじめは春ですから、桜が満開で公園は人であふれて賑やかです。上野の不忍池と同じように、井の頭池にはカルガモ、カイツブリ、バン、それにカワセミもいます。すぐに、不忍池で経験したように井の頭池をマイフィールドにしようという思いが頭に浮かびました。朝の出勤は吉祥寺駅のひとつ手前の井の頭公園駅で降り、池沿いに鳥など生き物を観察しながら、歩いて事務所に向かいました。

転勤してきた4月1日、事務所に向かう公園の道すがら、花粉症発症の直前に、満開の桜の下に4卵を産んであるカイツブリの巣を見つけました。明日からは、この巣の前を通勤経路にしようと決め、毎朝、カイツブリの巣を見るのを楽しみに出勤しました。

カイツブリの巣は「浮き巣」と呼ばれ、水面に浮いて漂っているように思われがちですが、実際には水中の水草や杭など動かないものに支えられていることが多いのです。桜の下の巣は水面に垂れ下がった桜の枝を支えにして、枯れ草や水草を積み上げ、一見浮いているように見えるものでした。桜が満開になると、桜の花をちりばめた、華やかな巣になりました。

4月11日の朝、桜の下を通ると、巣は壊され卵もなくなっていました。昼休み、気になって見に行くとカイツブリがペアで一生懸命、巣を修復しています。夕方、また桜の下に立ち寄ると、新しい巣が完了したようで、カイツブリがしっかりした巣の上で休んでいました。

ところが、翌12日の朝、桜の前の巣は跡形もなく消えていて、何もありませんでした。井の頭公園にはカラスがたくさんいて、犯人としては、まずカラスが頭に浮かびました。しかし、カラスなら卵だけ盗んでも、巣までは壊さないはずです。

カイツブリの浮き巣を壊した犯人は、コイたちでした。桜の花が散りはじめるころ、コイの産卵がはじまり、水草や水辺に垂れ下がった木の枝葉や草に卵を産みます。メスが卵を産みつけると、数匹のオ

桜の木の下で抱卵するカイツブリ

スが追いかけ、勢いよく水をはねながら精子をかけるのです。

　コイは公園を訪れる人々にパンくずなどをもらっていますが、池の中の水草や藻も食べます。池にはコイがたくさんいるので、産卵できそうな水草は育ちません。公園の清掃という名目で、護岸の草や垂れ下がった枝も片付けられてしまいます。だからコイにとって、枯れ草などを集めて作られたカイツブリの巣は貴重な産卵場所になっていました。

　直径30㎝くらいの巣に、50～80㎝級のコイが何匹も乗り上げるのだから、たまりません。一度の産卵であっという間に、巣はバラバラになってしまいました。

　ホタルが発生していた小川や田んぼにコイを放すと、ホタルはいなくなります。コイはホタルの幼虫だけでなく、幼虫が食べるカワニナやタニシなどの巻貝まで硬い殻を砕いて食べてしまうからです。

　コイは、水辺に自然や魚を復活させようといった名目でよく放流されます。しかし、コイは魚の世界の家畜であり、野生動物ではありません。雑食性のコイを放すと水生昆虫や小さな魚、水生植物など多くの水生生物が姿を消し、棲んでいる生物の種類が少なくなってしまいます。上から見た目は自然豊かそうな井の頭池も、水の中はコイ中心の人工的な環境だったのです。

井の頭池には真ん中に七井橋《ななしばし》があり、土日や祭日には橋の上から池にパンなどを投げると大きなコイが集まり、人気者になっていました。カメが上陸できるような岸辺もあり、えさをあげるとコイとともにカメも集まります。

変温動物であるカメは、「甲羅干し」という日光浴をして体温調節をしています。体が温まると食欲も増し、紫外線にあたることでビタミンDがつくられ、骨や甲羅を丈夫にしてくれるのです。

梅雨時の晴れ間はカメにとって貴重な甲羅干しのチャンスです。たくさんのカメが陸にあがって気持ちよさそうに甲羅干しをしています。初夏の温かい日にカメのカウントをしてみると、たった30分間で111匹ものカメを数えました。内訳はクサガメ20匹、イシガメ4匹、スッポン2匹で、残りの85匹は外来種であるミシシッピアカミミガメでした。その後、岸辺でやけに大きなカメがアカミミガメにまじってえさを食べているので、よく見ると危険な外来生物カミツキガメでした。

2014年に井の頭池のかいぼりが行なわれました。かいぼりは、昔から溜池を維持する方法として、日本各地で行なわれてきました。池の水を抜いて、水底に積もったヘドロを流し、池の底を天日にさらし日光消毒をして、池の水質を改善する方法です。

井の頭池の場合は、ヘドロだけでなく自転車など大きなゴミが大量に出てきて、テレビや新聞に大きく取りあげられました。そして、ブルーギルやアカミミガメなど多くの危険な外来種が捕まりました。大きなコイもたくさんいましたが、七井橋でコイにえさをあげるのを楽しみにしている市民も多く、再び池に戻したのです。

大きなゴミは取り除けたのですが、水の透明度は短期間で元に戻り池底は見えなくなってしまいました。そこで、2016年のかいぼりでは、コイの存在が昔のきれいな水の井の頭池の再現に支障をきたしていることを理解してもらい、コイも池から取り除いたのです。

その結果、池の透明度が増し、絶滅したと思われていたイノカシラフラスコモが発芽しているのが見つかりました。カイツブリの巣も壊されなくなり、雛もよく育ち、生息数が増えてきています。

水生物館では、かつて井の頭池に生息していた小型淡水魚ミヤコタナゴとムサシトミヨを域外保全種として維持しています。将来、井の頭池にこうした在来の昔からいた生き物が復活することを願いたいものです。

リスの棲む公園は作れるか？

井の頭公園の雑木林には、昭和初期までニホンリスが生息していました。井の頭自然文化園では武蔵野の原風景を少しでも復活させようと、「リスの森構想」を進めていました。リスの棲む公園をという話は各地にあり、実際にリスを運んできて放した公園もあります。しかし、そのほとんどは他の場所で捕らえたリスを放したものです。野生で捕獲したものを放すのでは、何年も続けることは難しく、その個体が姿を消してしまうと、いつの間にか計画も立ち消えになってしまいます。

動物を野生に戻し、定着させることは1年や2年でできることではありません。自然界には天敵も多く、長生きできるわけではないし、遺伝的な配慮も必要で、新しく別系統の個体を追加して放していかなければなりません。

「リスの森構想」計画がはじまったいきさつは、ロンドンを訪れた都議会議員からの提案でした。ロンドンの市中心部の公園にリスが生息し、市民の憩いの場をより豊かに楽しくしているので、東京もそんな公園が欲しいというものでした。最初は日比谷公園にリスをという話でしたが、まず郊外の井の頭公園で実現しようということになったのです。

私もそのころロンドンに行き、動物園のあるリージェントパークで野生のリスが走りまわっているのを見ました。ロンドン動物園に入り、リスを飼育しているケージに掲げてある説明を読んで、意外な計画が進んでいることを知りました。市内の公園にどこでもいるリスはもともとイギリスに生息していたリスではなく、アメリカからもたらされた外来種のハイイロリスだというわけです。

ハイイロリスの侵出で、昔からいたアカリスはロンドンだけでなくイギリス各地で姿を消していたのです。アカリスを復活させるために、動物園でもアカリスを域外保全の対象として研究しているのでした。

ロンドンの公園で多くの人が目にするハイイロリスを駆除しないと、アカリスの復活は実現しません。日本でも鎌倉などの市内でリスを見ることができますが、これは従来から日本に生息しているニホンリスではなく、外来種のタイワンリスです。ロンドンで議員さんが見てきたリスは、イギリスの人々が必ずしも歓迎している生き物ではなかったのです。

井の頭公園でもタイワンリスを放せば、簡単に「リスの森構想」は実現するでしょう。でも、昔の武蔵野の原風景のひとつとしてのリスは日本の固有種ニホンリスなのです。

もし、リスを自前で繁殖させることができれば、継続的に野生復帰をさせ、生息域外保全から生息域内保全への移行が可能になるかもしれません。そこで、難しいとされていたニホンリスの飼育と繁殖を研究することから取り組みがはじまりました。

1985年に保護された4頭のニホンリスの飼育からスタートしましたが、翌年には繁殖に成功し、3頭の井の頭生まれのリスが誕生しました。3階建てと2階建てのリス繁殖棟で、繁殖は順調に進みました。私が井の頭にきて、リスと関わるようになった時点で、すでに100頭を超えるまでになっていたのです。

繁殖棟の各ケージには1ペアずつのリスが飼われ、部屋には巣箱、えさ台、給水器、それに園内で伐採したスギなどの丸太を立てかけてあります。春が交尾期で、初夏の出産を前に丸太の樹皮を盛んに剥がしては巣箱に運び、噛んでふわふわの柔らかい巣材にします。

子は少なくて2頭、多くて6頭、普通3〜4頭を産みます。生まれたては赤裸で目も開いていない未熟な子で、一週間ほどでうっすらと毛が生えだし灰色に見えてきます。2週間でリスらしい灰色がかった茶色い毛になり、目が開くまでには4週間かかり、早い子は1か月で巣から出てきました。

リスがあまり人を怖がらないように、そして人にもリスとの付き合い方を覚えてもらおうと、大きなケージ「リスの小径《こみち》」を建設しました。入園者の皆さんは、リスの小径に自由に入り、小径を通り抜け、間近に直接リスを観察できるようにしました。

私が井の頭で係長だったのは1年3か月間でしたので、ニホンリスの四季を通じた観察もできました。同じ個体を追うことができるので、毛色の変化も記録することができました。その変化はノウサギほど劇的ではありませんが、冬はふさふさした冬毛で耳の先の毛も長く、冬毛が落ちはじめるのは5月に入ってからです。梅雨時は明るい夏毛が見えて斑になり、完全な夏毛になると四肢が鮮やかな赤茶色になり、耳の長毛はすっかり落ちて丸い耳になります。

観察していた個体は馴れていて人前でも自由に振る舞い、暑いとべったり地面に腹ばいになって涼をとっていました。野生だったらすぐにでもタカやキツネに見つかってしまうだろう、こんなにのんびり暮らしているものを野生に戻せるのか心配になったものです。

「リスの森構想」はニホンリスの域外保全から野生復帰を経て域内保全へと進む構想です。発信器を付けて園内に放したことがありますが、高齢で神経質になっていたゾウの「はな子」がリスに驚いてしまい中止しました。井の頭自然文化園は動物園側と水生物館側のあいだに交通量の多い道路があり、リスが車にひかれたり、交通事故を誘発したりする可能性も懸念されました。

そこで、広い面積の木立を柵で囲い、14頭のニホンリスを放し、ジャンプ力などの行動調査を4年ほど行ないました。調査の結果、園内での放飼は困難ということになりました。一度失ったものを取り戻すのは、実に大変なことです。昭和初期の武蔵野、リスのいる雑木林の復活は実現しなかったのです。

ヤマドリコレクション

井の頭では、地域ごとに特徴が異なるヤマドリの亜種たちを一同に並べて飼育していま す。この展示には、現在ヤマドリが抱えるある問題が深く関わっています。同様の問題に悩まされているキジを例にして説明しましょう。

現代の日本で私たちが見ているキジは、国鳥になった70年より以前のキジや、桃太郎が家来にしていた時代のキジとは少し異なるかもしれません。というのも、キジはかつて日本各地にいくつかのタイプがいました。北のキジの方が大きく、南のキジは少し小型で色が濃いという特徴がありました。

キジは狩猟の対象とされている狩猟鳥です。あるときから、キジの生息数を増やすために、国はキジを養殖してどんどん放しました。その結果、各地のキジがまじってしまい、本当に昔からいた東北のキタキジや九州のキュウシュウキジといった地域の特徴をもったキジがいなくなってしまったのです。

朝鮮半島からもってきたコウライキジが全国に放された時代もあります。コウライキジは、首に白い輪状の模様のある大きなキジです。キジがいなかった北海道では定着しましたが、湿気の多さなど大陸とは異なる気候が合わなかったのか本州以南では消えていきました。しかし、日本のキジの遺伝子にコウライキジの遺伝子もまじってしまい、まれに首に白い羽のあるキジが見つかることがあります。

熊本県に棲息するアカヤマドリ

一方、ヤマドリは日本固有種ですが、山地の森林に生息し、キジに比べ暗い林で生活し、身近に目につく鳥ではありません。ヤマドリのオスは繁殖期に「ドドドドド」と羽を打ち鳴らし、なわばり宣言をしますが、キジのように大きな鳴き声を出しません。目立たない、見つけにくい鳥なのです。

いま、そんなヤマドリにもキジと同じようなことがおこりつつあり、遺伝子汚染が心配されています。ヤマドリは本州以南に5つのタイプが生息していて、それぞれが亜種とされています。ヤマドリは北から南へ、だんだん濃い羽色に変化していきます。長距離を飛翔しないため、高い山や海を隔てての移動はせず、地域ごとの羽色に進化していました。

鹿児島県に棲息するコシジロヤマドリ。交雑で白い部分ができた

鹿児島や宮崎南部のコシジロヤマドリは腰の羽が白く、隣の熊本のアカヤマドリは全身が鮮やかな赤銅色です。本州のキタヤマドリや四国、中国地方のシコクヤマドリは羽に白い斑があるので、赤みが少なく感じます。紀伊半島や房総半島には全体が茶色く見えるウスアカヤマドリが生息しています。

ヤマドリはキジに比べて人工繁殖が難しかったのですが、関東から東北にいるキタヤマドリが人工授精などの技術でよく殖えるようになり、キジと同じように狩猟目的にあちこちに放されるようになりました。

キタヤマドリは九州では「国内外来種」にあたります。キタヤマドリと、地域にすむほかのヤマドリの交配が進んでしまい、その結果、鹿児島でもあまり腰の白くないコシジロヤマドリが獲れたりするようになりました。現在、鹿児島県ではコシジロヤマドリを稀少亜種として狩猟鳥から外し、他地域のヤマドリの放鳥も禁止しています。

何万年、何千年かけて創られてきた地域ごとの特徴を守り後世に残すには、こうした事実を知ってもらわなければなりません。実物で比較してもらうのが一番手っ取り早いので、井の頭では各地のヤマドリの違いが一目でわかるように並べて飼っているのです。

アライグマから外来種問題を考える

井の頭にいるあいだに、カメ、リス、ヤマドリなど、いろいろな角度から外来種問題を考える機会がありました。日本の野生動物を守るという観点では、もともとその地域にいなかった動物が外来種として定着することは、日本の動物を危うくします。

外来種の第一段階というのは、「史前帰化動物《しぜんきかどうぶつ》」とよばれ、ドブネズミだとかモンシロチョウ、スズメなどで、稲作や菜の花といっしょに入ってきたと考えられています。いまでは普通種になり、あたりまえの日本の一員になっていますので、外来種としての問題を感じない動物たちです。

第2段階の外来種が、昔の教科書では「帰化動物」とよばれていた動物たちです。食用動物として入ったウシガエル、毛皮を取るために養殖され逃げ出したヌートリアやミンクなどです。

アメリカザリガニもウシガエルのえさとして導入した外来種で、外国から導入されたので「国外外来種」と呼ばれています。国外外来種という呼び方は、ヤマドリの亜種のように本来の生息地でない日本国内の地域に入ってしまった「国内外来種」と使い分けるときに使う呼び方です。

古くはタイワンリスのようなものもいますが、最近増えてきた外来種を第3段階とするならば、ペットが逃げて居ついたものです。そのひとつがアライグマで、北海道ではトウモロコシ畑を荒らし、牛舎の中に入ってウシのえさのトウモロコシまで食べにきます。

ウシがびっくりして暴れてしまい乳量が減ったり、ウシの乳房に噛みついてミルクを飲もうとしたり、北海道では農業や牧畜業の害獣として大変困ったことになっているのです。

北海道以外でも収穫を間近にした熟れたスイカや果物を食べ荒らすなどの被害が報告され

ています。

東京都青梅市に、タヌキやアナグマが裏庭に出てくる家があり、私も観察をさせてもらったことがあります。タヌキが現れたのを皮切りに、以後アナグマ、テン、キツネ、ムササビなども現れ、昼間はニホンリスを見ることもできました。今世紀に入り一時タヌキがこなくなり、しばらくすると代わりにアライグマが子連れで出てくるようになりました。

井の頭でも近所の方が、うちのアライグマが逃げてしまい、何とか捕獲したいと、罠を借りにきたことがあります。この辺で定着されては大変と、罠を預け必ず捕まえるように頼みました。

次の日、飼い主は「アライグマが捕獲できた」と報告にきました。ところが、うちのアライグマではなかったので、逃がしましたというのです。ええっ！　と驚きましたが、その翌日、自分のうちのアライグマはちゃんと戻ってきたといって、罠を帰しにみえました。

もう東京の三鷹、武蔵野あたりでも野生化しているのかなと危機感を覚えたものです。

多摩地域の里山に残る、丘陵《きゅうりょう》地が浸食されて形成された谷状の地形である谷戸《やと》地などでは、トウキョウサンショウウオなどの卵塊がアライグマに食べられ激減しています。日本の生態系を狂わせている外来種の問題も、生きている実物を見て伝えようと井の頭ではアライグマの展示を続けているのです。

オシドリ千羽計画

「オシドリ千羽計画」は「リスの森構想」と並んで、井の頭のズーストック計画を地元での域内保全にまで発展させようと位置づけた目玉計画としてスタートしました。オシドリは決して稀少動物ではありませんが、武蔵野を含めた東京という地域ではめったに見られなくなった美しいカモということで、ズーストック種に選定されました。

「オシドリ千羽計画」は1988年に開始されます。まず飼育下での増殖に力を入れ、ケージ内に巣箱を設置しました。2年後には、その年に孵化したオシドリの放鳥を初めて行ないました。

私も井の頭池畔での放鳥を2回経験し、すでに井の頭池に定着しているオシドリもいて、池畔を歩けばその姿を見ることができました。池の巣箱で卵を孵し、雛を連れたメスも見ています。

放鳥個体は神奈川県や埼玉県で保護されたり、足環をつけた個体が観察されたりしました。その後もオシドリの放鳥は23年間継続し、２０１０年に放鳥した総数が１０８１羽に達し、千羽計画を達成したことで終了しました。

　オシドリの野生復帰に関しては、多摩動物公園で１９７９年に放鳥したオスのことを思いだします。多摩では、人工孵化して育てた９羽のオシドリに、多摩での生活を少しでも長く経験させるために、風切羽を切って飛べないようにして放していました。９羽は翌年の換羽後に飛翔力が回復してからは、自由に園内を飛ぶ手はずなので、放鳥後にも多摩に戻ってくるようにという期待を込めての措置です。

オシドリの夫婦

　放鳥したオシドリには環境庁の標識リングとカラーリングを装着してあり、最初の１９７９年のオシドリはオレンジ色のカラーリング、１９８０年には黄緑色、１９８１年には黄色をつけました。標識リングだけでは捕獲してリングナンバーを読み取らなければ放鳥年すなわち年齢がわからないため、カラーリングも年ごとに色を変えてつけたのです。

オレンジリングの79年組9羽は、翌年換羽が終わる夏には園内の池や流れを飛ぶ姿が見られるようになりました。しかし、秋には園内から姿を消してしまいガッカリしました。

そこで、1980年に放した16羽のうち、メス数羽の風切羽を仮切りではなく本切りにしました。本切りすると換羽しても飛ぶことができません。そのため、本切りされたメスとペアになったオスは飛べるようになっても園内に居つくはずという目論見でした。

こうした取り組みを経て、79年組のオスが園内に戻ってきたり、リングのない野生のオスが飛来し80年組の飛べないメスとつがいになり定着するなどの成果を得ました。さらに驚きの報告が環境庁の標識リングを管理している山階鳥類研究所から届きました。79年組のオスが1981年9月15日にシベリア沿海州で狩猟により撃ち落とされリングが回収されたのです。

回収された地点は北緯45度54分、東経133度48分と記録されていて、東京から直線にして1300㎞、極東の渡り鳥の生息地として知られるハンカ湖の少し北でした。人工増殖したオシドリが、2年以上にわたり野生で生活し、日本海を越えて渡りまでする能力があったことは、私たちにとって大いに励みになり、井の頭での「オシドリ千羽計画」のきっかけになったのです。

世界最小のアヒル

ニホンリス、テン、オシドリ、ヤマドリなど日本の動物の飼育展示は、上野でも多摩でもない井の頭自然文化園ならではの魅力として力を入れてきたものです。ズーストック計画でも井の頭の担当種は3種以外にツシマヤマネコ、ニホンイタチ、コハクチョウ、カリガネ、トモエガモ、ミヤコタナゴで、9種すべてが日本産で、武蔵野の地から姿を消した動物も含まれていました。

私が井の頭にいたのは1年3か月の短い期間で、赴任したときにはズーストック計画もはじまっていて、すでに進行中のものあり、軌道に乗っていたズーストック種もいました。一方で、ツシマヤマネコのように準備段階で関わり、私が多摩に転勤してからスタートし、後任の係長や飼育係の皆さんの努力で定着していった種もいます。

井の頭は日本の動物とともに、日本の昔話や絵本の主役になっているような、子どもたちがだれでも知っている身近な動物にも力を入れていました。たとえば、モルモット、ウサギ、ヤギ、ヒツジ、ニワトリ、シチメンチョウなどの童話や昔話に出てくる家畜や家禽を、「童話の国」という名をつけた一画で飼っていたことがありました。

ここのモルモットコーナーは常時300匹前後の数のモルモットがいて、子どもたちに人気がありました。人気の秘密は、子どもたちでもまたいで入れる低い囲いで飼っていたので、自由に入って直接抱いたり、えさを与えたりすることができることです。ペットを飼えない住宅事情から、休みのたびに通ってくる子もいて、お気に入りのモルモットを膝にのせ、嬉しそうに満足顔で、撫でながらえさを与えていたものです。

このなかまに新たに加わったのが世界一小さなアヒル、コールダックです。コールダックは甲高く騒がしく鳴くため、この名でよばれ、原産国のイギリスでは鴨猟の囮《おとり》用に改良され、デコイともよばれるアヒルです。

囮品種として成立した小型アヒルですが、日本にもよく似た役割をもつアヒルがいます。ナキアヒルといって江戸時代から飼われており、マガモそっくりのアヒルです。このナキアヒルも鴨猟の場で大きな鳴き声で鳴き、野生のカモをよぶための囮アヒルでした。偶然にも「コール」ダックと「ナキ」アヒルという同じ意味をもつ名で、古くから洋の東西で同じ目的のアヒルが創られていたのです。

私がコールダックのことを知ったのは、1987年（ウサギ年でした）の正月にNHKの「タモリのウォッチング」という番組に出演したことがきっかけでした。そのときのディレクターだった保科《ほしな》修也さんは動物番組の担当者であり、宮城県の実家の農場で、いろいろな珍しいニワトリやアヒルを飼っていたのです。

保科さんと意気投合し、農場に訪ねてコールダックをはじめて見せてもらい、こんなに小さなアヒルがいることを知りました。井の頭に帰り、さっそく白いホワイト種とマガモ色のワイルド種を3ペアずつ輸入しました。

コールダック

コールダックは小さい体ながらその名の通り大声で「ガーガーガー」と鳴き「童話の国」の池は賑やかになりました。家禽のため繁殖は簡単で、どんどん殖えていきました。日本各地の動物園関係者が井の頭に寄ると、必ず分けてほしいと頼まれ、全国の動物園に贈ったものです。現在、日本じゅうの動物園や遊園地で姿を見ることができますが、日本でのルーツは井の頭自然文化園なのです。

第3章

飼育課長の仕事（多摩動物公園・上野動物園飼育課長時代）

井の頭自然文化園での飼育係長の仕事を経て、飼育課長としてふたたび多摩へと戻ってきました。担当の動物たちのよりよい飼育環境となるために毎日現場で汗を流す飼育係とは異なり、係長や課長となると、自分がいる動物園でできる新しい飼育や、よりよい展示方法などを模索することも仕事の一つとなります。

モグラプロジェクト・チーム始動！

そしてこのころ、外国の動物園から着想を得て、ある展示を多摩で試み、完成しました。きっかけとなったのは、シカゴのブルックフィールド動物園の夜行性動物館で、シカゴ周辺の身近な小動物が3種類飼われた展示でした。

オナガオコジョという北米のオコジョを飼っていて、いいなあとうらやましく思いました。真ん中のケージにはカヤネズミが飼われていて巣も見せていました。シカゴ周辺の畑なんかにいくらでもいるものなのでしょう。

そして、みっつ目のケージにはヒメコミミトガリネズミ、英名を「レッサーシューリュー」というトガリネズミを飼っていました。小指の半分くらいの小さな生き物で、おそらくトウキョウトガリネズミと同じように世界最小の哺乳類のひとつでしょう。

この展示を見て、まず「オコジョを飼いたいなあ、飼えるのだなあ」と、思いました。当時、オコジョの飼育は日本の動物園では実現していませんでした。それから、食虫類つまりモグラのなかまの小さなトガリネズミも飼えるのだ、との思いを抱くようになりました。

多摩に飼育課長として戻ったときに、何か多摩らしいことをしたいなと考えて実行したのが「モグラPT」、すなわちモグラプロジェクトチームです。とはいえ、これは課長命令だったわけではありません。

「モグラ捕りをやりたい人、この指とまれ！」といったノリで声をかけたら、16人が手を挙げました。自分の担当を持っているけれど、それ以外にモグラ採集もやってみたい、やはり飼育係になるような人は動物を捕ったり飼ったりするということが好きなのです。

日本の動物園はフィールド調査をしているところは多くありません。外のフィールドでの調査となると交通費などお金もかかるし、時間もかかります。そこで、園内をフィールドにできるモグラはぴったりでした。

だれもが名前を知っているのに生きている姿を見ることのできない動物という意味でも、モグラの常設展示を目指したいと思いました。だんだんやっていくと、モグラ捕りの上手な人が決まってきて、いつも捕ってくる常連を中心として、モグラPTも最後は数人になってしまいました。

モグラの飼育担当は、菊池文一さんが熱心に取り組んでくれ、飼育だけでなく、展示も軌道に乗りました。やはりモグラを展示することは動物園としては相当ユニークな試みで、さっそくマスコミに取りあげられたのです。

すると、新聞を見たという方が訪ねてきました。茨城県のゴルフ場に勤めている方で、仕事はゴルフ場の芝生に穴をあけてしまうモグラを退治することだというのです。モグラを捕まえては殺さなければならず、前々から殺さないで済んだらと考えていたそうで、捕まえたモグラを引き取ってくれないかと、多摩まで足を運んだといいます。

カブトムシなどを飼う小さなプラケースでモグラを送ってくれることになりました。今では生き物専用の配達サービスがありますが、当時は生き物を送ることができなかったので、苦肉の策で、「生《なま》もの」と書いた着払いで、モグラが送られてきました。

半年で80匹ほどを受け取りましたが、ときどき死んで到着することもあり、宅急便が届くと、生きているか、祈るような気持ちで開け、はじめのころは生きていると「おー」と歓声があがるほどでした。

そんな空気が伝わったのか、荷物を開けていると、動物園担当のいつもの宅配便のお兄さんから「今日のモグラは生きていましたか？」と聞かれるようになりました。おもわず「元気です！　ありがとうございました」と応えてしまったものです。郵政民営化が叫ばれていたときだったせいもあり、黒猫マークの民間宅配便の粋な計らいに、さすがだなと嬉しかったことが思いだされます。

私の多摩の飼育課長経歴は1年9か月と短く、その後は上野に転勤しましたが、モグラＰＴの成果は現在もある「モグラの家」という常設展示に繋がりました。多摩動物公園では、いまでも生きているモグラをいつでも見ることができます。

モグラの家では頭上に張り巡らされたパイプのトンネルを走りまわり、土を掘ったり、土中のトンネルの巣で休んだりしているモグラを観察でき、隠れた人気スポットになっています。先日もテレビの教育番組でモグラを特集していましたが、撮影地は多

トンネルを掘るアズマモグラ

摩動物公園の「モグラの家」でした。アクリル越しにトンネルを掘る元気なモグラが映し出されていて嬉しい気分になりました。

モグラの飼育展示をはじめたことで、食虫類の研究者とも交流ができ、調査に参加させてもらうようになりました。調査に同行させてもらい、その生態を夜間観察し、捕獲した個体を飼育展示しました。

そんなとき、北海道浜中町の霧多布湿原センターでトガリネズミを研究している河原淳さんのフィールド嶮暮帰島の調査にも参加させてもらいました。

北海道にはモグラは生息しておらず、北海道の人々がモグラとよんでいるのがトガリネズミです。ネズミの名がついていますが、モグラと同じ食虫類で、畑や林、草地にすんでいます。4種に分けられており、一番大きなオオアシトガリネズミを、北海道の人々はモグラとよんでいるのです。

なかでも一番小さいトウキョウトガリネズミは世界最小の哺乳類で人の小指の半分ほどの大きさです。トウキョウという名が付いているのは昔ヨーロッパに送られた標本のラベルのエゾという地名をエドと間違えてつけてしまったからでした。

調査に同行した結果、浜中町とのトガリネズミ共同研究が実り、世界最小の哺乳類トウキョウトガリネズミを多摩で飼えるようになりました。シカゴで私の頭をよぎった、「こんなに小さなヒメコミミトガリネズミさえも飼っている動物園があるのだから、日本でもトウキョウトガリネズミを飼えないだろうか！」という夢も、現実のものになったのです。

2009年には、お世話になった研究者が多摩に一堂に会して「モグラシンポジウム」を開催し、以後日本の動物園でもモグラを飼う動物園が増えていきました。

日本中が一丸となったゾウの繁殖

BLでは、さまざまな動物が各地の動物園を行き来します。ですが、なかでもゾウは動物園の目玉動物なうえに、巨体なので簡単には移動できません。こうした事情から、オスメスを長いあいだいっしょに飼育して繁殖に結びつかないようなペアでも、ずっとそのまま飼い続けていることが昔は多くありました。

多摩動物公園のアフリカゾウは、1967年にアフリカからやってきたメスの「アコ」と「マコ」にはじまります。1971年にはオスの「タマオ」がアフリカから来園しました。

当時3歳だったタマオに対し、2頭のメスは6歳になっていてタマオの倍ほど体重もあり、タマオに対して優位な関係でした。この関係はタマオの方が大きくなってからも続き、同居していてときどきタマオがメスにマウントすることはあっても繁殖にはいたりません。

ゴリラは幼いときからいっしょに飼っていると、兄妹のようになってしまい繁殖に結びつかず、個体を交換しペアの相手を変えることで、繁殖に結びついた例がありました。ゴリラもゾウもメス中心の母系社会を形成し、群れで生活します。

ならばゾウの場合も姉弟のような関係で飼われていると繁殖しないのかもしれないと、アフリカゾウの飼育係をはじめ関係者は焦りのような気持ちになっていました。

移動が難しいという点を打破し、日本じゅうの動物園が協力してゾウの繁殖を手掛けようという機運が高まり、1996年2月に多摩へ姫路セントラルパークからメスの「アイ」を迎えました。春になって30歳になるタマオと16歳のアイの見合いを開始し、6月には同居させ、7月に入って交尾を確認しました。

アフリカゾウの妊娠期間は22か月と長いのですが、無事、1998年にアイはオスの子を出産しました。東京では初めてのゾウの誕生で、子は「パオ」と命名され、私が多摩へ飼育課長として戻ったころにはアイとパオの親子は多摩の人気者になっていました。

パオ誕生の映像を見て、出産後に危機的な時間があったのを知りました。アイは初産で子が産まれても扱いがわからないのか、子を踏んだり、蹴とばしたりして、鳴く子を牙で押すような様子が映っていたのです。これでは子が殺されると、アイから子を離すため、飼育係の佐藤節夫さんが扉を開け、アイに声をかけ隣の部屋へ誘導しようとしました。

すると、アイは急におとなしくなり落ち着いて子ゾウに優しく触れ、立ちあがろうとする子ゾウを助けたのです。その後、アイが子に初乳を飲ませるのも確認でき、立ち会った飼育係一同ホッと胸をなで下ろしたそうです。

はじめてのゾウの出産ということもあり、飼育係はモニター越しの観察を中心に、できるだけ静かに見守っていたそうです。ゾウはメス中心の母系社会で暮らしていて、若いメスゾウの初産には母親やおばさん、お姉さんゾウが立ち会い励まして出産しま

アフリカゾウのアイ母さんとその子パオ

す。佐藤さんが声をかけたのは、アイの母親などの励ましに相当したのではないかと思います。アイも佐藤さんたち毎日世話をしてくれる飼育係を群れの一員として信頼していたので、声をかけられやっと冷静になれたのではないでしょうか。

私が多摩にいるあいだに、パオをアイから独立させるために、空いていたアジア園のスイギュウ舎へ移す作業を行ないました。これはアイの次の繁殖に備えるためと、パオを血縁のないメスのいる動物園に婿入りさせるための準備です。

アイの2回目の出産では飼育係がみんなで励まし、アイは生まれた子を最初から優しく扱い無事に育てあげました。2番目の子はメスで「マオ」と命名され、盛岡市動物公園に嫁入りしています。その後タマオが死亡したため、アイは繁殖可能なオスのいる群馬サファリパークに行きましたが、繁殖にはいたらず、いまは別の適齢期のオスのいる広島の安佐動物公園で暮らしています。

アフリカゾウのような目玉動物、大型動物も、日本の動物園の共有財産のようにして繁殖を図る時代なのです。

上野動物園一番の自慢

アフリカゾウの繁殖を経て、以前は係長として過ごした上野動物園へ課長として戻ることになりました。こののち、上野動物園では園長に就任し、十年以上通い続けることとなります。

このころ、上野動物園の自慢は何ですかと聞かれることがよくありました。質問した人は動物の名前を期待しているのですが、私は「不忍池です」と応えるので、また「なぜですか？」と聞かれます。なぜかといえば、大都会の真ん中、ビルの谷間にこれだけの自然が残っていることはすばらしいことと思うからです。

１９４９年に動物園が不忍池側に拡張され、動物園池を動物園が管理するようになってから、当時の古賀忠道園長はカモへの餌付けをはじめました。戦後日本を占領していたアメリカ人から「公園のスズメが人に寄ってこないのは日本人に残虐性があるからだ」という発言を聞き、古賀さんは不忍池を水鳥の楽園にして、この偏見を正そうとしたのです。

殖やしたアヒルやガチョウを囮として放し飼いにすると、釣られて野生のカモが集まるようになりました。１９５８年の台風で皇居のお堀が崩れたときには、オシドリが３００羽も避難してきて、池が真っ赤に見えたそうです。

餌付けから10年ほどたつとオナガガモが集まりはじめ、「ドガモ現象」といわれるほど人になつきました。全国でもこんなにカモが馴れている水辺はほかになく、九州のある市の助役さんから不忍池のカモを譲ってほしいと相談を受けたこともあります。

不忍池でのオナガガモ餌付けの成功から15年ほどたって各地の水辺でオナガガモが餌付きはじめました。「白鳥の湖」として有名な宮城県伊豆沼や新潟県瓢湖などでもハクチョウよりオナガガモが前面に出てきて、水辺から陸にあがりえさをねだるまでになったのです。

不忍池では園路にまであがってきてパンくずをもらうオナガカモの姿が普通になりました。平気で人に近づきえさをねだるというオナガガモの出現は、何万年というオナガガモの歴史のなかでも初めてだったかもしれません。

人間は怖くない、日本人は優しいという不忍池を発祥地とするオナガガモ文化はたった20年ほどで日本全国に広まりました。古賀さんがアメリカ人のもつ日本人への偏見を正そうとした試みは見事に成功したのです。

矢ガモ事件の犠牲者もオナガガモのメスで、彼女にとっても不忍池は安心できる場所だったのです。この事件は、大都会の真ん中にある不忍池が野鳥のサンクチュアリーになっていることを示してくれたのだと思います。

不忍池に棲むカワウも、１９４９年に東京湾岸の千葉県大巌寺《だいがんじ》にあった「ウの森」から19羽を保護したのがはじまりです。ウを不忍池に放したところ自然に繁殖するようになり、野生のウも飛来しました。

いまは東京湾でもふたたび繁殖していますが、大巌寺をはじめ東京湾のウ繁殖地は一時消滅していました。当時の不忍池はウの避難場所として機能し、地元の絶滅危惧種保全という役割を果たしたのです。

不忍池ではウを大事にしてきましたが、１０００羽を超すようになると池はハスで覆い尽くされだしました。ウは毎朝、東京湾で江戸前の魚、コハダやハゼなどを獲って食べ、安全な不忍池に戻り夜を過ごします。一日の大半は不忍池にいますから、糞はほとんど池に落とされるのです。ウの大群は東京湾から大量の窒素、燐酸、カリという良好な肥料を不忍池に運び、その結果ハスが大繁茂し、池はウとハスだけの池になってしまいました。

生物多様性という言葉をよく耳にするようになりましたが、限られた生き物だけしか生息できない自然は、本当は危機状態にあります。いろいろな生き物がバランスを保ち、落ち着いて生活できる空間こそ豊かな自然といえます。

そこで、上野の西園の出口である弁天門《べんてんもん》の近くにある亀島《かめしま》にオオワシのオスとメスを放してみました。すると、亀島にはウが寄りつかなくなり、ウの糞で植物が枯れて真っ白になっていた島の緑が復活したのです。

このオオワシは千葉県の海岸で保護され、レントゲン検査をしたところ翼の関節に鉛の散弾が写り、飛べない原因が判明したオスでした。メスは新潟県の海岸で飛べないでいたところを保護されたものです。

冬になり島の木々の葉が落ちると、オオワシの雄姿は目立つようになります。動物園の外からバードウォッチングを楽しんでいる人が双眼鏡で見つけて、野生のオオワシが飛来したと、騒ぎになったこともありました。「ワシが逃げています」と、心配そうに知らせてくれたお客さんもいたのです。

ほかにも、保護されていたコハクチョウ、オオハクチョウ、オオヒシクイも放しました。ハクチョウは植物食なのでハスの繁茂を抑えてくれることを期待していたのですが、効果のほどは疑問でした。ところが、冬に死亡したコハクチョウを解剖したところ、消化管から多量のレンコンが出てきたのです。不忍池のレンコンは直径2㎝ほどしかなく人の食用にはなりませんが、ハクチョウには食べやすかったのでしょう。ハスの抑制に一役買ってくれていたのです。

いつか野生のガンが越冬し、東京の空でも昭和初期まで見られたように鉤になり棹になって飛ぶ雁行が復活することを願い、マガンやシジュウカラガンも囮になるように放し飼いにしました。

鳥たちを放す以外にも、垂直に作られていた池の護岸や島を、かつて東京湾の入江干潟であった不忍池にふさわしい緩やかな岸辺に作りかえました。すると池畔に草が生え、ヨシがのびだしたので、メスのタンチョウを放してみました。

歌川広重の浮世絵『名所江戸百景』にある「箕輪金杉三河しま」には冬の田んぼが連なる湿地で鳴く見事なタンチョウが描かれています。かつての江戸のこうした自然風景をイメージし、再現したかったのです。

このタンチョウは足を骨折したことがあり、走ることができず、ぎこちなく歩き、狭いケージでは痛々しかったのですが、広い池畔の草地では、この歩き方がゆったりとしていて、堂々と闊歩しているように見えました。若いオスとペアになり、卵を産んで雛も育てたのです。

さらには、かつて江戸の水辺や市中で繁殖していたコウノトリも放し飼いにしました。不忍池の生物多様性を高めることで、将来はトキも暮らせる環境を創造するための第一歩です。赤羽という地名はトキが語源と想像され、かつては江戸の田んぼにもトキはいたのですから。不忍池を自然豊かな都会のオアシスとして、上野の誇り、東京の誇りとしていつまでも残していきたいものです。

アイアイを迎えた舞台裏

2001年、成田空港に日本初渡来の動物であるアイアイの1ペアがハイイロジェントルキツネザル1ペアとともに到着し、上野動物園にやってきました。アイアイは、童謡なんかで名前だけは日本の子どもたちにおなじみです。しかし、本物の生きているアイアイが日本にやってきたのは初めてのことでした。

アイアイの「マミルア」と「ソア」のペアはマダガスカルの首都アンタナナリボにあるチンバザサ動植物園から贈られたものです。チンバザサ動植物園と上野動物園の交流は1992年にさかのぼります。この年チンバザサ動植物園と上野動物園は友好関係を結び、両園は情報交換、技術交流、動物交換などを行なうことになりました。

交流のひとつとして1993年にチンバザサ動植物園の哺乳類係長のジルベールさんが研修生として派遣されてきました。私は当時、東園飼育係長としてジルベールさんの付きそいをしました。

サル類の研究者でもある彼を連れて、上野動物園の若い職員といっしょに長野県地獄谷の温泉に入るニホンザルの観察に行ったり、奥多摩にムササビを見に案内したりしたことを思いだします。ジルベールさんはその後京都大学で研究し、帰国後飼育課長になり、いまは園長を務めています。

国立動物園のない日本では国際交流も上野動物園の大事な使命です。交流の一環としてアイアイを上野動物園で飼育し、繁殖などの研究を共同で行なうことになりました。その成果を野生のアイアイの保全に役立てるためアイアイのペアが贈られてきたの

アイアイのソア

です。

上野動物園からはアイアイの繁殖施設、野生での研究のための観察用車両、パソコンなどの機材を贈りました。さらに、アイアイ受け入れにあたり、上野からも飼育係の細田孝久さんをチンバザサ動植物園に派遣し、研修後アイアイの輸送に同行し帰国する段取りになっていました。

2001年、アイアイはマダガスカル政府の許可書を携えた飼育係の細田さんとともにマダガスカルを出発し、10時間後に経由地パリに着きます。パリからの細田さんの国際電話で夜中に起こされ、電話に出るとアイアイが書類不備でマダガスカルに送り返されてしまうとの報告でした。

細田さんは、

「私ももう一度アイアイといっしょにマダガスカルに戻りましょうか？　それとも日本に帰ってもいいですか？」

と心細い声で聞いてきました。

「とりあえず、日本に帰ってこい、一からやり直そう！」

そう告げて電話を切ったのを覚えています。電話のあと、細田さんは体の力が抜けて、シャルルドゴール空港のベンチで、しばらく身動きできずに宙を見つめていたそうです。書類をあらためて整え、やっとアイアイは1か月半後に日本に着きました。

アイアイは西園の走禽舎を改造した仮設舎にハイイロジェントルキツネザルとともに収容しました。歌のイメージからかわいらしい動物と思いこんでいる子どもたちからは、思ったより大きいとか、怖そうな動物だという声をよく耳にしたものです。

細田さんはチンバザサ動植物園での研修で、マダガスカルの自然を目の当たりにし、気候も肌で感じて帰国しました。アフリカの隣の国ですから、アイアイは寒さに弱く温室のような施設が必要ではないかと考えていたのですが、細田さんの報告は意外なもので、アイアイは多少の寒さは平気で、日本の春や秋の気候で十分に飼えるというのです。彼がアンタナナリボに着いたのがマダガスカルの真冬にあたる8月で、宿ではずいぶんと寒い思いをしたそうです。

仮設舎ではアイアイがもつ独特の針金のような中指を竹筒に差し入れ、なかに潜む昆虫を引っ張り出して食べる採食行動やペアのグルーミング行動が観察できました。オスのマミルアとメスのソアのあいだに生まれた最初の子は生後5日目に死亡しましたが、2003年7月9日の2回目の出産で生まれたメスの子は成長し、マダガスカル大使によりファービィと名づけられました。

アイアイを飼いはじめてから5年たった2006年に新しいアイアイ施設の構想をまとめました。それまでに7回の出産があり4頭が育っていますが、こうした繁殖の成果や行動の観察結果など仮設舎で得られた成果をもとに設計図を描き、2年を費やし2009年に「アイアイの棲む森」は完成したのです。

不忍池南岸のアイアイの森には絶滅した巨鳥エピオルニスの像のある北岸から浮き橋を渡っていきます。ワオキツネザルの島を見ながら、発砲スチロールの浮き橋を渡り、南岸に着くと右手にエリマキキツネザル、左手にフォッサのケージがあり、奥にアイアイの森の建物があります。

入ってすぐに寝ている昼間のアイアイを見て、暗闇に目を馴らしながらヒメハリテンレック、マダガスカルオオゴキブリ、シマテンレックの小ケージを観察し、暗闇に目が馴れると活発な夜のアイアイに出会えます。アイアイは夜行性ですので、メインの飼育施設は昼夜逆転にしてあり、夜の活動的な姿がご覧になれます。

真っ暗では黒いアイアイは見えませんが、明るすぎると寝てしまいます。アイアイが活動するギリギリの照度も仮設飼育をしていたあいだに調べることができました。アイアイは針金のような中指で木の実や果物の中身を出して食べますが、その様子が間近に見える工夫も観察の成果でした。

もう一か所、日本の動物園にアイアイがくるという話が持ちあがりました。マダガスカルを訪れた議員さんが、大統領からアイアイ贈呈の約束をもらったことに端を発します。日本に新しい上野とは異なる血統のアイアイが入れば、繁殖計画が立てやすくなります。1頭ならすぐ贈ってもらえそうだということなので、仮設での飼育を勧め、ペアの相手は上野から貸し出せると、お話ししました。

しかし、動物園を管轄する市役所からは、貴重なアイアイの導入は施設が完成してから慎重に行なうよう指示があったのです。その後、マダガスカルでは政権交代があり、約束してくれた大統領は失脚し、期待した新しい血統のアイアイの導入はいまだ実現していません。役所としては、他の事業と同じように計画的に動物の導入も行ないたいようです。

私は未知の動物を飼育するには仮設でも数年の飼育期間を設け、観察し研究してから動物舎を建設することが、オリジナリティの高い飼育展示施設を作るには欠かせないと思っています。生き物を相手にチャンスを失わないという意味でも上野でのアイアイの仮設からのスタートは正しかったと思っています。

現在、アイアイの繁殖が順調なのは、世界中で上野とアメリカのデューク大学霊長類研究所だけです。近親交配を避けるための交換をデューク大学と行ない、ファービィのお婿さん「ヒチコック」を迎えました。ヨーロッパにも上野生まれのアイアイが新しい血統として貸し出されています。

私がドイツの動物園を訪問したとき、アイアイが表紙の上野動物園の英文ガイドブックを持参しました。ガイドブックを受け取ると「アイアイを飼っているのか？」と急に熱心な目つきになり質問を連発されました。

「現在8頭いて、6頭は上野生まれです」と応えると、案内してくれた飼育課長さんの態度や言葉遣いは、上野を一流動物園として接するように変化したのです。

かつてのヨーロッパ訪問時に、パンダが表紙の英文ガイドブックを持参しましたが、東京はやはり金持ちなのだ、という雰囲気で対応されたことを思いだしました。どんな動物が飼育され繁殖しているかは、その動物園を見定める物差しになるのでしょう。

上野動物園の隠れた人気スポット

上野動物園が最も多くの種類の哺乳類を飼育していたのは、多摩動物公園開園前年の1957年の129種です。その後、多摩へ引っ越した動物がいて種数は減少しましたが、それでも1975年までは100種以上の哺乳類を維持していました。

1989年からの希少種を優先するズーストック計画の進行とともに、飼育する哺乳類は減少し、1994年には59種にまで減りました。種類数減少と比例するように入園者数も減少し、1993年度は400万人を割り、2000年度には308万人まで落ち込みました。1998年には、1882年の開園以来116年目にして3億人目の入園者を迎えましたが、ズーストック計画進行中の12年間の入園者数は減り続けたのです。

来園者は多種多様な動物の生きている姿を見たいために動物園を訪れます。世界の大都市にある動物園では、100種以上の哺乳類を飼育しているのが普通で、首都東京の動物園として、60種も割ってしまったことを恥ずかしく思いました。

見ることのできる動物が減っていくことは、生物多様性の実感という意味で、効果が薄れるようにも感じました。「種の保存」や「環境教育」というズーストック計画の考え方を理解する意味でも、いろいろな種類がいることも大事と思うようになったのです。また、飼育係の養成にも稀少動物だけでは豊かで大胆な発想を養いがたく、多摩時代に普通種から入ることができた私は幸運だったのでしょう。

希少種優先のズーストック時代はライオンもタヌキもロバもブタも上野動物園にはいません。『ブレーメンの音楽隊』を読んだ子どもが、「ロバってどんな動物ですか？」と会いにきても、図鑑や映像でしか教えられないのは、動物園として情けないことです。

ロバを飼っていれば「これがロバだよ！」と実物を見せ、子どもは大きさも臭いも鳴き声も実感し、納得することでしょう。ロバやブタをペアで飼育して「種の保存」に貢献する必要はなく、1頭いれば十分なのです。

そこで、ズーストック計画の実施期間が終了し、21世紀を迎えた2001年以降、来園者からの要望が多い動物を復活させていきました。横浜ズーラシアからインドライオンを導入してライオンを復活させ、タヌキはクマとの時間差展示で復活させました。絵本やアニメに登場するロバ、ブタ、シチメンチョウ、ホロホロチョウ、ハムスターも子ども動物園にふたたび迎え入れたのです。

小獣館ではヒメネズミ、アカネズミ、ハタネズミなどノネズミ類、ヤマコウモリやヒナコウモリ、ムササビやモモンガ、ヤマネなど日本固有種に力を入れはじめました。普通種で身近に生息しているのですが、夜行性のため実物を見る機会はめったにありません。それに、日本にしかいない動物ですから、日本の動物園が展示しなければ、という意気込みがありました。里山の良さや重要さが話題になりますが、そこに棲む主役を生きている実物で紹介できるのは動物園ならではの「環境教育」の一環でもあるのです。

2001年に「小さな小動物展」を企画し、外国産の世界最小級哺乳類コビトハツカネズミ、バルチスタンコミミトビネズミなども、使われていなかった小さなテラリウムを利用して展示しました。

2002年には「身を守る動物展」というテーマで特別展を開催します。針で防御する動物として、地上性のアフリカタテガミヤマアラシと樹上性のカナダヤマアラシの比較展示を行ないました。別々の進化をしながら同じように針で防御するようになった動物たちを並べ、異なるグループの生き物がよく似た特徴へと進化する「収斂《しゅうれん》進《しん》化《か》」について、生きた動物で解説したのです。

臭いをテーマとした展示の準備をしているとき、強力な臭いをスカンクのように肛門腺から出すサハラゾリラが到着し、飼育箱の掃除中に飼育係が一発を浴びてしまい、強烈な臭いでしばらく頭痛がしたという報告を受けたこともあります。

こうして展示を充実させるうちに、人気を博し2年連続で特別展を行なって有名になった動物たちはそのまま常設展示し、小獣館は隠れた人気スポットになっていきました。コレクションの充実は小獣館でのベビーラッシュに繋がり、繁殖の難しい動物の初繁殖にも成功しました。他の動物園へ供給できるほど殖え、新天地でも人気者になっているとの嬉しい報告もいただいたものです。

小獣館の動物たちは小型ですから、新米の飼育係でもちょっとした工夫、小規模な改造なら試みることができます。失敗すれば悔しさもあり、さらにチャレンジして、小動物の活発な動きを引きだすことになり、ユニークな行動展示へと発展しました。

たとえば、コウモリといえばだれもが「暗闇」「飛ぶ」という期待で姿を追います。いままでは夜行性動物館でオオコウモリが天井にぶら下がっているだけで、暗闇という期待には応えてきましたが、飛ぶという期待には応えていませんでした。

そこで、南米産の花蜜や果物を食べる小さなセバタンビヘラコウモリを譲り受け展示しました。このコウモリは狭い空間でもよく飛びまわり、ジュースの入ったびんを木にぶら下げると、次々とびんのまわりを飛びながらジュースを飲んだのです。

120周年を迎えた2002年3月時点の哺乳類の飼育種類数は114種となり、ズーストック計画以前の種数で、世界の大都市にある動物園の水準に戻りました。その後もさまざまな動物の飼育展示に努め、2010年には、世界でもトップクラスの138種を飼育していました。種類数の復活は小獣館の新しい展示が貢献し、上野動物園の哺乳類の約半分の種類を維持したのです。

動物園の使命「域外保全」とは？

世界動物園水族館協会（WAZA）は1993年に「動物園保全戦略」を発表しました。これは「種の保存」の役割、稀少動物を生息地域外で増殖し守る「域外保全」を担えるのは動物園、水族館であるとし、さらに一歩踏み込んで生息地域内での保全活動すなわち「域内保全」に貢献しようという戦略です。

欧米を中心に進められており、ニューヨークにある世界最大の動物園のひとつとされるブロンクス動物園は、表看板を「野生生物保全センター」と変更し、正式な名称にして、新しい役割が最重要の仕事と位置づけていました。

21世紀初頭のWAZA総会で、各動物園、水族館は、最低ひとつは地域の域内保全プログラムに参加しようという提案がされました。希少種の繁殖に重点がおかれた20世紀の「種の保存」の実態は、ゴリラやパンダといったスター稀少動物の増殖事業というイメージが強いものでした。それに対して21世紀の「保全戦略」は地元の生き物の保全にも貢献すべきという点にシフトしはじめたのです。

日本でも、メダカやイモリといった身近な生き物や日本固有種の保全に動物園・水族館が貢献できるはずです。日本の動物園・水族館が各園館1種ずつの域内保全活動と関わりをもった域外保全活動をするだけで、多くの日本の生き物の保全が具体化し前進します。

上野動物園では、東京都が策定した「アカガシラカラスバト保護増殖計画」に基づき、2001年3月に父島で捕獲したオス2羽、メス1羽をもとに、個体の維持、飼育、繁殖技術の確立を目的に飼育を開始しました。

アカガシラカラスバトは小笠原諸島の常緑樹林に生息する日本固有稀少種で、生息数は40羽程度と推定されていました。東京都にしか生息していない種の域外保全ですから、東京の動物園が貢献するのは当然と考えて手を挙げたのです。

飼育を開始した年には、繁殖の兆候はなく、翌2002年秋から成鳥で捕獲したオスとメスのあいだで繁殖行動がみられるようになりました。冬には最初の雛が孵化し、孵化日数はほぼ20日、飛翔するまでの期間は約1か月といった未知のデータを得ることができました。

増殖は順調に進むと期待されましたが、その後は抱卵《ほうらん》するものの、育雛《いくすう》放棄が続きました。そこで、カラスバト、伝書バト、キジバトを仮親にして孵化、育雛の試みを行ないました。キジバトは卵を放棄し、伝書バトでの試みは孵化にはいたるのですが、雛は育ちません。結局、成功したのはカラスバトを仮親にした1羽のみでした。

ハトは「ピジョンミルク」と呼ばれる、素嚢《そのう》の内壁から分泌される液体を吐き戻して雛に与えます。このピジョンミルクを人の手で開発するために、入手が簡単な伝書バトの人工育雛を行ない、並行してアカガシラカラスバトの人工育雛も試みました。

このときの比較から、2種のハトの雛ではえさの要求行動が異なることがわかりました。伝書バトの雛が「ピーピー」と大きな声でえさを要求するのに対して、アカガシラカラスバトの雛はほとんど声を出しません。この違いから、伝書バトに育てられたアカガシラカラスバトの雛が誤嚥《ごえん》や肺気腫《はいきしゅ》で死亡していた理由がわかりました。

「ピーピー」とはっきりしたえさの要求をしないアカガシラカラスバトの雛に対し、伝書バトの仮親は無理にえさを与えようとしたのが原因だったのです。仮親としてカラスバトのみが成功したのは、別亜種ながら種としては同じカラスバトの雛のえさ要求行動がアカガシラカラスバトと同じだったからでしょう。

人工育雛も含め、アカガシラカラスバトの増殖方法は確立されつつあります。現在では、感染症などのリスク軽減のために多摩動物公園にも分散して、「種の保存」を図っています。しかし、将来の野生復帰も視野に入れると、どうしても小笠原諸島での増殖の取り組みが必要になります。遺伝的多様性を保つためには上野動物園で殖えた個体と野生個体とのペアを作ることが必要になるからです。

蓄積した技術、経験をふまえ、本来の生息地に増殖、野生復帰、傷病個体の保護などが可能な保全センターができ、上野と多摩で維持しているアカガシラカラスバトが故郷に帰る日がくるのが理想です。アカガシラカラスバトの現在の保全活動が、ＷＡＺＡの掲げた動物園保全戦略の理想である域内保全に貢献する域外保全活動として意味を持つ日が来ることを願いたいと思っています。

世界三大珍獣が勢ぞろい

私が中学生のころ、「動物愛好会」という例会が月に一度、上野動物園で開催されていました。その会でいつも風呂敷に資料を包み持っている紳士がいました。その方が、動物園びいきで知られた動物学者の高島春雄先生で、コビトカバに「世界三大珍獣」という名誉ある称号を与えた人でした。

コビトカバは1960年に日本にはじめて輸入され、上野動物園にお目見えしています。三大珍獣という言葉が生まれたのはコビトカバの初来日がきっかけで、あとはジャイアントパンダとオカピです。

高島先生の三大珍獣の条件は、「限られた地域に小数しか生息せず、発見史が興味深いこと」です。ほかの三大珍獣の発見史はというと、ジャイアントパンダは合成でないの

同居したコビトカバのペア

に白黒の一枚毛皮という当時ではふしぎな代物の発見がきっかけで、1869年に新種として認められました。オカピはピグミー族の人が使っていた縞模様のベルトがきっかけで1901年に新種として認められます。

ジャイアントパンダはコビトカバの12年後の1972年に初来園し、オカピは41年後の2001年にはじめて上野動物園にやって来て、ようやく世界三大珍獣が勢ぞろいしました。

コビトカバは、1844年に西アフリカのリベリアで発見され、はじめはカバの奇形とか幼体と思われたり、頭骨も小型のカバのものとされたりで、なかなか認知されませんでした。1912年になって、やっとニューヨーク動物園で、はじめて飼育され公開されました。

現在でもコビトカバは西アフリカのごく限られた森林に囲まれた川、沼、湿地にしか生息していません。カバと同じ偶蹄目カバ科に属しますが、体重はカバの10分の1程度しかない小さなカバなのです。

1960年に上野動物園にはじめて来園したコビトカバは、スイスのバーゼル動物園で生まれたメスで、「チーコ」と名づけられました。チーコは当時11歳で、翌年には推定6歳オスの「コタロー」が西アフリカのシエラレオネから来園しました。

チーコは1962年に日本で初めての子を出産すると、その2年後にもメスの子「トシコ」を出産し、トシコのペアの相手として2歳のオス「ターボー」がリベリアから来園します。不思議なことにコビトカバの飼育下で生まれた子はほとんどメスで、上野に来たオスは2頭とも生息地で捕獲されたものでした。

私は1996年から1年間、不忍池側の西園飼育係長を務め、はじめてコビトカバと直接関わりました。当時、トシコは32歳になっており、ターボーとのあいだには子は生まれていません。新しいオスとして、名古屋市東山動物園生まれの1歳のオス「ショウヘイ」が来ましたが、歳の差もありトシコとはうまくいきませんでした。

コビトカバは、オスが闘争の怪我がもとで死んだり、オスメスでも闘争のときに鋭い牙で傷つけあったりします。そのため同居は危険をともない、メスの発情兆候があったときだけ監視のもとに行なっていました。

繁殖を考えたら、常時オスとメスを同居させメスの発情兆候はオスに見つけさせるのが確実だと私は考えましたが、過去の経験から反対されていました。このときも多摩と上野のギャップを感じつつ担当者を説得し、ショウヘイと新しく来園したメス「エボニー」を空いていた広いカバ舎に移し昼間だけ同居させました。

顔を合わせたとたん牙を立て、ショウヘイのおしりに20㎝ほどの切り傷がつきましたが、致命的でなかったためそのまま様子を見ました。最初の衝突を我慢した甲斐があって、以後2頭は放飼場でいっしょに暮らすようになり、エボニーは2年連続で出産したのです。

しかし、誕生後、最初の子はエボニーが面倒を見ず攻撃し、2番目の子はエボニーの顎の下敷きになり死亡していました。二度の失敗をふまえて、3回目の妊娠が判明したときは過去の経験や失敗からいくつかの準備をして出産に備えました。

エボニーが子を下敷きにしないよう、産室のまわりに子だけが入れる非難場所を、板を張って設けました。この作戦が功を奏し、エボニーの第3子は、トシコ以来、37年ふりぶりに育ったのです。

その後コビトカバは2~3年おきに子が生まれ、順調に育つようになりました。コビトカバの繁殖が軌道に乗ってから、ベテラン飼育係から「私が責任をとるから同居させようと、小宮はいったんだ」といわれました。

今では覚えていないのですが、係長としての覚悟が伝わり、西園では私の提案を受け入れたそうです。多摩からきた若造が、といった空気が強かった上野で、ときどき多摩と上野のギャップを感じつつも、東園6年に続く7年目のときでしたから、そろそろというか、やっというべきか、上野の空気に受け入れられていたのかもしれません。

上野に登場した2番目の世界三大珍獣はジャイアントパンダで、1972年10月28日に上野に到着しました。日中国交回復の記念に中国政府から贈呈され、上野動物園で飼育することになったのです。

パンダは日中友好の動物親善大使であると同時に、野生も含めて1000頭ほどしか残っていない稀少動物として、国際的な自然保護のシンボルでもあり、保全のための研究対象でもありました。

まだ2歳だったオスの「康康《カンカン》」は子どもっぽさの抜けないやんちゃな印象で、4歳のメスの「蘭蘭《ランラン》」は落ち着いた雰囲気でした。11月から一般公開がはじまり、開場を徹夜で待った人もいて、開園時間にはすでに大勢の人が集まり、長蛇の列は2kmにも及びました。来園者は押すな押すなの状態になり、大勢の人波にパンダも落ち着きをなくし走りまわってしまい、その日は途中で公開を打ち切ったのです。

カンカンとランランの人気は絶大で、1974年度の入園者は764万7440人になり、日本の動物園の年間入場者数の最高記録として、いまだに塗り替えられていません。しかし、1979年にランランがおなかに子を宿したまま死亡、新しいお嫁さんを迎えたカンカンも翌年急死しました。

新しいペアのオスの「フェイフェイ」とメスの「ホァンホァン」は人工授精を行ない出産に備えました。産室をはじめとする準備を進めていたこの時期に、私も上野に転勤になり、パンダにも関わることになりました。

1月31日実施した人工授精から121日後の6月1日、ホァンホァンは無事出産します。

ジャイアントパンダの子トントン

子の名前を公募したところ、272629通92277種類もの応募があり、その中から「童童《トントン》」と命名しました。まだトントンの性別がわからず、オスでもメスでも通用する名前としましたが、のちにメスと判明しました。

1990年に私が就任した東園飼育係長は、パンダの現場責任者でもありました。

トントンが繁殖適齢期を迎えた1992年、

日中国交正常化20周年を記念して、オス同士の交換を行なったのです。トントンのペアとなるべき相手として、北京動物園から7歳の「陵陵《リンリン》」が11月5日に到着し、トントンのあとにホァンホァンが生み育てたトントンの弟「ユウユウ」が北京へ旅立ちました。

トントンとリンリンの同居はいつも闘争になってしまい、交配どころではありません。そんななかでも、毎年、トントンが発情すると人工授精を行ない、そのたびにトントンは今にも出産するのではというように巣造りまでします。竹を幾重にも重ねて立派な巣を造るのですが、ある日突然巣に入らなくなり、私たちの期待を裏切るのでした。

私のパンダという動物に抱くイメージは、トントンが偽妊娠を繰り返した東園係長6年のあいだにできあがったものかもしれません。パンダとは不思議な動物で、繁殖は難しく、やはり滅びゆく生き物の代表、世界三大珍獣に値する動物なのだというものでした。

2000年に飼育課長として上野へ戻ったときから、再びパンダに関わるわけですが、7月にはトントンの死に立ち会わなければなりませんでした。

トントンは腹膜炎を患い、腹水を抜くために動物病院に運ばれ、手術台にのせられました。これから水を抜くために針を刺すというときになって、トントンは「キャン」と鳴き、そのまま息を引き取ったのです。それ以来、上野のパンダはリンリン1頭になりました。

2001年以来、リンリンは3年連続で、メキシコのチャプルペテック動物園に繁殖のため出張しました。最後のリンリンの繁殖作戦は、メキシコからメスの「シュアンシュアン」を上野に迎えて行なわれましたが、残念ながらパンダの子の誕生にはいたりませんでした。

このリンリンの出張をはじめとするジャイアントパンダの共同繁殖計画は、上野とメキシコの2園に加え、アメリカのサンディエゴ動物園の協力を得て実現しました。稀少動物の繁殖が単独の動物園や国だけでは難しく、国際的な協力が必要な時代になったのです。

サンディエゴ動物園のサポートのひとつが、上野にオカピのメス「キンビア」を貸し出したことでした。上野動物園初のオカピとして、急きょ改造した西園シマウマ舎に収容されたキンビアですが、彼女はリンリン留守中の上野のダメージを考慮して、サンディエゴからやってきたのです。

41年前に高島先生が唱えた世界三大珍獣が上野に勢ぞろいしたのはこのような事情がありました。しかし、珍獣とよばれた動物たちは、今や国際的な保全対象種として、絶滅から救うための保全計画に基づき飼われています。

オカピも国際的な繁殖計画のもとで管理されており、上野動物園での飼育は北米のオカピ繁殖計画の一環として進められることとなっています。もちろんコビトカバもジャイアントパンダも国際的な保全計画に協力することで飼育しているのです。

動物園が担う国際親善

上野動物園は、設立された1882年から1924年までのあいだ、国立動物園であり、国際親善の証として世界中から動物大使が贈られてきました。都立動物園になった現在も日本を代表して何度も動物大使を受け入れ、いまでも国立動物園の役割を果たしています。

上野動物園の動物収集のコンセプトのひとつに「国際ZOO」を入れたのも、古賀園長が唱え世界に発信した〝Zoo is the Peace〟の精神のもとに、国際平和、国際親善に貢献したいと考えたからです。

古くは1888年にペアで到着した上野動物園ではじめてのゾウは、タイからの親善大使第一号でした。この前年、日本は当時シャムとよばれていたタイとのあいだに「日タイ修好宣言」を調印し、鎖国時代から途絶えていた国交を回復したのです。その記念としてチュラロンコーン大王から明治天皇にペアのゾウが贈られました。

1931年には、エチオピア皇帝ハイレ・セラシェ1世からライオンのペア「アリー」と「カテリーナ」の寄贈を受けました。当時、アフリカが次々とヨーロッパの植民地になるなかで、エチオピアは唯一の君主国として独立を保っていました。ハイレ・セラシェ皇帝は、アフリカと同じように植民地化されていくアジアのなかで独立国として発展をしてきた日本と友好関係を結ぶことに期待し、特使を派遣してきたのです。そのお土産がアリーとカテリーナで、エチオピアを出発するときは儀仗兵《ぎじょうへい》が護送したと伝えられています。

しかし、皇帝の平和への願いは果たされず、1936年にエチオピアはイタリアの侵攻を受け占領されました。平和の使者アリーとカテリーナも戦争中の1943年夏に、猛獣処分の命令により毒殺されました。

戦後、日本の子どもたちから「ゾウをください」という815通にのぼる手紙を受け取ったインドのジャワーハルラール・ネール首相は、平和の使者として自分の娘の名「インディラ」と名づけたゾウを贈ってくれました。

1949年、東京芝浦桟橋についたインディラは、深夜に港を出発し、古賀園長らに付き添われ、沿道の多くの子どもたちに迎えられ、昭和通りを通って上野に向かいます。インディラは数千人に膨れあがった行列を従えて、夜中の2時40分、上野動物園に入ったのです。

ネール首相からの「インドや日本の子どもたちが成長したときには、世界平和のために協力してください」というメッセージとともに、インディラは平和の象徴となり、日本じゅうを明るくした動物として、日本の戦後史に刻まれています。

モンゴルマーモット

外国から贈呈された動物はほかにもいます。

1998年には、来日したモンゴルのバガバンディ大統領から5頭のモンゴルマーモットが贈呈されました。マーモットは草原に棲む大きな地リスで、モンゴルでは「タルバガン」とよばれています。

モンゴルの人々にとってタルバガンはご馳走で、食材としてもモンゴルを代表する動物です。動物園のないモンゴルではマーモットを飼育していなかったので、大統領訪日の前に捕獲して、持ってきてくれたのでした。

マーモットは当時の日本でも知名度が高くありませんでしたが、パンダは受け入れるのに、マーモットはいらないというのでは国際儀礼に反してしまいます。国際ZOOというコンセプトを掲げることで、どこの国との国際親善にも対応できるのです。

その後来日したモンゴルの研究者との交流もはじまり、マーモットはこんな狭いところでは繁殖しないとアドバイスを受けました。室内に閉じこめる飼い方から寒暖の激しいモンゴルの気温差を感じられるよう外気に触れられる飼い方をしたところ、6頭の子がはじめて誕生し育ったのです。

あるとき、相撲界に入門したころの若き日の朝青龍関が上野動物園に遊びにきたことがありました。なかまのお相撲さんとのあいだで、我が故郷のタルバガンとアメリカのプレーリードッグのどっちが強いか賭けをし、みんなを納得させるために実物を見にきたのでした。

どちらも地リスのなかまで、形はそっくりですが、タルバガンの方がはるかに大きく、戦えばモンゴルの地リスの方が勝つとみんなを納得させ、賭けにも勝ったのだといいます。思わぬところで大統領のマーモットは国際親善に一役買ってくれたのでした。

国際親善という意味では反省しなければならないこともありました。

上野動物園の猿山のニホンザルには毎年生まれた子にテーマを決めて名前をつけます。テーマに沿って母親の一字を受け継ぐというルールで名前がつくのです。

ある年、国の名前をテーマに選び、ある回教国の国名をつけました。すると新聞報道を見た、その国の大使館から抗議が寄せられたのです。わが国ではサルは軽蔑されている動物で、そのサルに我が国名をつけるとはけしからんという抗議でした。その年生まれの子サルたちは急ぎテーマを変えて名前をつけ直したのです。

かつて多摩動物公園でも同じようなことがありました。ナイロビの回教寺院を模したライオンバスのステーションの塔のてっぺんに「月と三日月」のマークを飾りつけたところ、回教国の人から、寺院でもない建物に神聖な「月と三日月」マークをつけるのは不謹慎という抗議を受けたのです。ライオンバスのステーションの塔の先が真っ直ぐな避雷針でしかないのはそのためなのです。

物足りなさから始めた糞と足拓あつめ

飼育課長になったころから、動物と接する機会から遠ざかっていくような寂しさを感じるようになっていました。「直接に飼っていなくとも、動物に密に関わることはないだろうか」と、園内を歩いていて、思いついたのが糞でした。

糞を収集することは、保存という意味では難しいのですが、写真に撮って集めるのなら可能です。なんでも思いついたら、即実行というせっかちな性格なので、その日から動物舎の中に糞を見つけると、シャッターを切るようになりました。

糞をよく観察するようになり、糞は動物たちの栄養面だけでなく精神面も反映する健康のバロメーターであることをあらためて思い知らされました。

たとえば、アジアゾウの「ジャンボ」は、5t近くある大きな体に似合わず、カミナリが嫌いで、ゴロゴロと鳴りだすと、必ず下痢をしました。普段は直径15㎝ほどの球形の立体的なしっかり固まった糞をしますが、雷鳴が轟くときは直径1mにも広がり散らばった平面的な下痢便になってしまうのです。暗雲が立ち込め、カミナリが来そうだとわかると、飼育係は急いで最初にジャンボを室内に収容しました。

上野動物園に1957年にはじめてきた幼い3頭のゴリラたちも、はじめのうちは室内に収容すると軟便や下痢になったそうです。3頭を収容したのは新しい類人猿舎で、当時としては最新式の強化ガラスを使っていました。鉄格子や金網を使わないため動物が見やすくなり、同時にガラスでお客さんと隔てることで、結核などの人間の病気から守ることも重要だったのです。

当時は強化ガラスが信頼できる時代ではなかったので、地震のときは金網のシャッターが落ちるようにしてありました。あるとき、なにかの揺れで金網シャッターが落ちてしまい、しばらくそのままにしておいたところ、ゴリラたちの下痢はピタッと止まりました。

幼いゴリラにとって透明なガラスでは、押し寄せる多くのお客さんが、今にもこちらに入ってくるのではと不安だったのでしょう。金網のシャッターが下りて、やっと安心できたのでした。

糞写真が集まってくると、肉食動物、雑食動物、草食動物など糞の違いも色や形など比較できるようになりました。決まった場所に糞をする動物と、どこでもバラバラと糞をする動物がいて、こうしたことは動物ごとの暮らし方と関係があることにも気づきました。

たとえば、サルのなかまは排泄に関してはだらしなく、どこでも糞をします。なぜなら、多くのサルが樹上生活者ですから、木の上で用を足せば糞は下に落ち、身のまわりには残りません。「地上生活者になったサル」である人間だけが、決まった場所で用を足すようになったようです。

糞知識は野山など自然観察でも役立つようになりました。哺乳類は夜行性のものが多く、鳥に比べて野生で観察するチャンスは少ないものです。しかし、だれがした糞かがわかれば、この森にはクマがいるとかカモシカがいるとか予想できます。

湿原の小道などの目立つところにテンやキツネの糞がよく見つかります。野生動物も歩きやすい道を利用し、なわばりのサインに糞を残していくのです。新雪の跡などは足跡もついているので、糞の主を特定しやすくなります。

糞のデータ収集を行なっていたころ、野生動物を観察していて、さまざまな痕跡にも興味を持つようになりました。痕跡には、糞や食痕、骨や毛といった死体の一部、足跡、爪跡などがあります。クマの爪跡とかシカが樹皮を剥いで食べた痕などを見つけましたが、よく見つけたのは足跡でした。どこからどこへ行ったかとか、走っていたか歩いていたかとか、通ったばかりか、親子だったかなど足跡から動物たちの動きを想像したものです。

野外で見つけてわからなかった足跡は写真に撮り、職場に持ち帰り、動物園で飼っている動物の足跡と比較して調べました。そのうち動物の「足拓《あしたく》」を採っておけば、野山での同定に役立つのではと気づきました。

多摩動物公園の飼育係になりたてのころ、担当になったヤクシカの足跡を探して園内を歩きまわったことを思いだします。広い園内に潜んだヤクシカを捕獲するための足跡探しが、飼育係としての最初の仕事のひとつだったのです。

ヤクシカの足跡を探していると、タヌキ、イタチ、アカネズミなどの足跡もあることがわかり、園内の野生動物の存在に気づきました。あのころのことを思いだしては、足跡の写真をもっと前からちゃんと撮っておけばよかったのにと後悔しました。

こうした経験から、糞撮影に続き、なにか直接動物と関わりあいたいと思って閃いたのが、足拓の採取でした。足拓という言葉も魚拓をもじって浮かんだ私の造語です。いま思えば、野外で見つけた足跡の正体を知りたいという好奇心と、野外で拾ったり、動物園で死んだりした死体から少しでも情報を残さねば、もったいないし、動物たちも浮かばれないと思う気持ちもあってはじめた気がします。

足拓を採るのは簡単で、足の裏に墨を塗るか、黒いスタンプ台に足の裏をすりつけて、紙に押しつけるだけです。大きな動物には墨を使い、小さな動物はスタンプ台で採ります。

墨のつけ方にはコツがあり、あまりたっぷりつけると足の裏の微妙な線やくぼみがうまく出ません。ウサギのように足の裏が毛で覆われている動物はなおさらで、墨をつけすぎると毛が墨を吸ってしまい、ただ紙の上に墨をこぼしたような足型しか採れないのです。

肉球が毛で覆われているようなレッサーパンダのような動物では、肉球には濃い目に、まわりの毛には薄らと墨を塗るときれいな足拓が採れます。生きている大型動物で、足拓を採らせてもらえたのは、ゾウとウマで、調教されているので、足をあげさせ、足裏に墨を塗って紙に押しつけて採りました。

足拓採取をしていて、いくつかの発見もしました。ペンギンのえさをやる時間になると、コサギやゴイサギ、アオサギなどのサギ類が集まってきます。あるとき、コサギがペンギンのえさを横取りし、あわてて飲み込もうとしたのですが、アジが大きすぎて吐き戻すこともできず、窒息してしまいました。

息絶えたコサギの足拓を採ろうとして爪をよく見たら、爪にギザギザがありました。サギ類の中指に相当する第3趾《し》の指先には、櫛爪《くしづめ》とよばれる櫛のような爪がついていたのです。サギの羽繕いを双眼鏡で観察したところ、やはり第3趾の櫛爪で羽をすいていました。

鳥類で一番大きな足拓が採れたのは、ハシビロコウです。2002年にはじめてのハシビロコウ3羽をタンザニアから輸入し、じっとして動かない鳥として話題になりました。毎週のようにハシビロコウの撮影に訪れる熱烈なハシビロコウファンのお客さんもでき、人気者になったのです。

ハシビロコウは湿原の水草の上にたたずみ、じっと動かずに水面を見ていて、ハイギョやナマズの魚影を見つけると大きなクチバシで一瞬にして捕らえます。水草の上に長い足指で立って獲物を待ち、水面を歩いているように水草の上を歩くこともできます。

ハシビロコウのオス「サーナ」

ダチョウやヒクイドリでもA4の用紙で十分に足拓が採れますが、ハシビロコウは前の第3趾の爪先から、後ろの第1趾の爪先まで30㎝もあり、B3用紙でないと入りきらないという唯一の鳥でした。

足拓も、ときどき役に立ちました。奈良文化財研究所の松井章先生からの要請でコウノトリ、タンチョウ、アオサギの足拓を送りました。大阪の池島・福万寺遺跡の弥生時代の水田跡から人と共に鳥の足跡が出土したので、種を特定する資料にしたいというのです。

洪水などで大量の土砂が堆積すると、きれいに動物や人の足跡が残るそうです。遺跡の足跡は足拓と照合されコウノトリとわかり、弥生時代からコウノトリは日本人と共生していたことが証明されたのです。

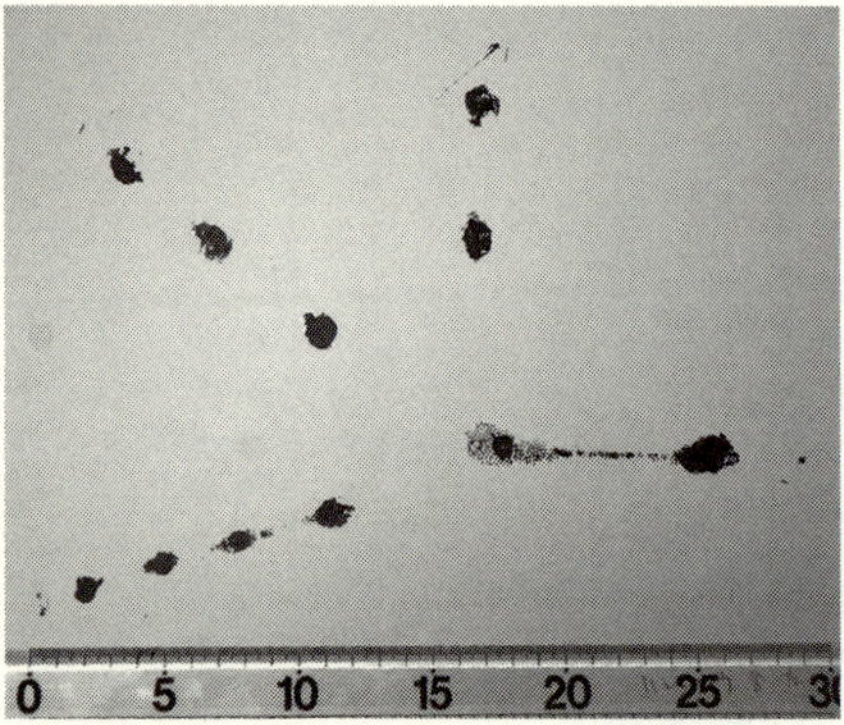

サーナの巨大な足拓

またあるときには、犯人捜しとして足拓は役立ちました。2010年に佐渡山中のトキ野生復帰ステーションの大ケージに何者かが侵入し9羽のトキが殺されたときに、犯人を特定するため、雪の上についた足跡の画像が環境省から私のもとに送られてきたのです。

すぐにテンとわかりましたが、念のため佐渡にいる肉食獣テン、イタチ、タヌキの足拓3枚を環境省に送りました。その日の夕方、犯人は専門家によりテンであることが判明したというテレビや新聞の報道があったのです。

最初はなにかに役立つとか、どういう傾向があるかなどと考えずに、ただコレクター魂で集めていた足拓です。種類が増え、並べてみると分類単位のなかまとしての傾向や、生態を意味している足の形態がわかるようになりました。

同じなかまでも種により微妙な違いも発見できるようになり、ますます興味をもって足を見、観察することが癖のようになったのです。動物写真を撮るときは、目にピントを合わせるのが基本ですが、いままでは足ピントの1枚も撮ることが習慣になっています。

第4章

園長の仕事（上野動物園園長時代）

旭山ショック

2004年夏ころから動物園・水族館をマスコミが盛んに取りあげ、各方面で話題になりました。そのきっかけは、北海道旭川市の旭山動物園の7月と8月の月間入園者数が上野動物園を上回り、日本一になったというニュースでした。

私はこの年の8月1日付けで上野動物園園長を拝命し、その矢先にこのニュースが新聞やテレビを賑わしました。園長になって最初の取材には、園長就任の抱負など聞かれるだろうと構えていたところ、いきなり「旭山動物園に抜かれた感想は?」と聞かれてしまったのです。

「旭山動物園の小菅園長とは20代のときからの親友で、友の成功を心から喜んでいます」と応えましたが、放送局としてはどうしても「悔しい」というコメントを取りたかったようでした。

私がはじめて旭山動物園を訪ねたのは1971年のことで、道東《どうとう》での牧場実習を終えた帰りに寄ったのです。まだ開園4年目の新しい動物園で、初めて見たエジプトハゲワシとドンブラが記憶として残っています。エジプトハゲワシはクチバシに石をくわえてダチョウの卵を割る、道具を使う鳥として有名ですが、この最北動物園ではじめて会えるとは思っていなかったからです。

ドンブラはドンキーとゼブラ、すなわちロバとシマウマの雑種です。当時、日本の動物園では珍しかったヤマシマウマが飼われていたのに驚いたものですが、この貴重なヤマシマウマのメスとロバのオスとのあいだにできてしまったのがドンブラだったのです。小さなロバが大きなヤマシマウマに、よく頑張ったものだと、二度驚いたものでした。

二度目の旭山訪問は1979年の夏です。屈斜路《くっしゃろ》湖畔の仁伏《にぶし》温泉で開かれた「野兎研究会」の帰りに、ナキウサギを観察しようと然別《しかりべつ》湖に寄りましたが、見ることはできませんでした。

そのあと旭山動物園に寄り、多摩動物公園の飼育係を名乗ると、突然の訪問にもかかわらず、大歓迎だったのです。「ナキウサギを見ることができずガッカリだった」と話すと、明日見せるから今日は旭川に泊まれといわれ、飼育係長の菅野浩さん（のちの園長）宅に一泊させてもらいました。その晩は飼育係全員による歓迎会が市内のお寿司屋さんで開かれました。当時の旭山動物園の飼育係は総勢9名で、本当に小ぢんまりとした、でも家族的な動物園だったのです。

ナキウサギの棲む十勝岳《とかちだけ》へ連れて行ってくれたのが、小菅正夫さんと阿部寛さんです。小菅さんはのちに旭山動物園をブレイクさせた凄腕園長であり、阿部さんはのちに、あべ弘士という名前で絵本『あらしのよるに』などを描く有名な絵本作家となりますが、当時はゾウの飼育係でした。

彼らは、郷土の動物ナキウサギの飼育展示を目指して生息地で調査していて、その調査地に連れて行ってくれました。大小の岩がごろごろしている礫地《れきち》で、大きな岩にじっと座っていると、溶岩の上にナキウサギが現れ、「ピチッ、キチッ」と鳴いてくれました。

オコジョも出てきましたが、よく見るとナキウサギをくわえているではありませんか。あわててシャッターを切ったためピンボケでしたが、記念すべき証拠写真にはなりました。

こうした出会いがあり、その後もずっと小菅家と阿部家とは家族ぐるみでお付き合いさせていただいていました。というわけで、園長就任初日のインタビューでは「悔しい」という言葉を発する気にはなれず「友の成功を心から喜んでいます」と嬉しさを隠せないコメントをしてしまったのです。

驚きと魅力に満ちた行動展示

旭山動物園の成功は、動物がいきいきと種特有の行動で能力を発揮し、活発な姿を引きだしたことにあります。話題になったアザラシの円筒形アクリル水槽での展示はその典型です。ほかにも、ペンギン水槽のなかにアクリルチューブの回廊をつくり、水中から泳ぐペンギンを見せるという展示も「空飛ぶペンギン」として話題をさらいました。

このふたつの展示手法は日本の水族館技術からすれば、難しいものではありません。動物園のなかに水族館の手法を取り入れるという柔軟な発想が世界ではじめての展示になり、動物の行動を立体的に三次元の世界で、しかも目の前で見られるようにしたのです。

東京都の動物園・水族館は1989年から12年間にわたりズーストック計画を進め、稀少動物を救うためのハード・ソフトにわたる整備を行ないました。「種の保存」と「環境教育」は世界的にも動物園の使命とされ、ズーストック計画はこうした取り組みへの遅れを取り戻すものでした。この計画をもとに1996年に完成した「ゴリラの森」ではゴリラの繁殖にも成功しています。

しかし、このまじめな姿勢は、必ずしも人気があるとはいえませんでした。あたりまえのことですが、動物園は楽しくなければいけないのです。21世紀に入ってから進めた、「ズーストック計画」の次に東京都が推し進めた動物園計画である「TOKYO ZOO PLAN 21」は、ズーストックの精神は継承しながら、楽しい動物園づくりを目指しました。

この計画のなかで上野動物園は3つの展示コンセプトのもとに動物を集め、飼育し、展示することにしました。第1は「生物多様性ZOO」、第2は「動物行動展示ZOO」、そして第3番目は「国際ZOO」です。

第2のコンセプトである動物行動展示は旭山動物園のおかげで有名になりましたが、上野動物園も力を入れてきたものです。教科書や書物には動物のいろいろな習性、行動が載っていますし、テレビの映像でも神秘的な生態や行動が紹介されます。そうした動物の動きを期待して動物園を訪れる人は多いはずですが、肝心の動物が寝ていたのではガッカリしてしまいます。行動展示はだれでもが知っている動物たちの行動を引きだし、動物園の魅力アップを図るものです。

動物の退屈を改善する方法として「環境エンリッチメント」という方法があります。文字通り訳せば、動物の飼育環境を豊かにすることです。飼われている動物の行動に選択の余地を与え、種のもつ本来の行動を引きだし、能力を発揮できれば、見る側も動物たちのいきいきした姿を堪能できます。

行動展示は飼育環境を豊かにすることで、その本質は動物に本来の行動をうながすことにあり、擬人化した動物芸としてのショーではありません。動物の自然な行動のなかには、人間にはおよびもつかない動きがあり、その動作はときとして歓声があがるほどの驚きであり、魅力を込めています。自然な行動である以上、動物に苦痛やストレスを与えるものでもなく、その行動を目の前に引きだせたなら、それは動物芸よりはるかにおもしろく、人々を魅了できるのです。

行動展示の第一弾は、現場の飼育係による、飼われている動物の展示ならびに給餌の工夫からはじまりました。まだ、行動展示という言葉が定着していなかった2001年の夏、オオアリクイの飼育係の細田孝久さんから、採食行動、特に舌の動きを見せたいという提案がありました。

彼は自信ありげに梅酒のびんとペットボトルで自作した給餌装置を取り出しました。実験を開始するとオオアリクイは60㎝もある長い舌を透明な梅酒びんに差し入れてえさを食べたのです。オオアリクイには歯が無く、長い舌でシロアリやアリなどを1日に3万匹も食べます。動物園では鳥肉、レバー、卵黄、ドッグフードなどをブレンドした代用食ですが、この方法により、えさを食べる行動を見事に見せてくれました。

いくら説明文を書き、掲げても、だれもオオアリクイに歯がないことや舌での採食は記憶に残らないものです。しかし、実際にこの不思議な採食行動を見た人は、オオアリクイの舌の動きを脳裏に焼きつけ、一生忘れないはずです。

ほかにも、動物園の東園と西園を結ぶイソップ橋のループの真ん中に植えてあった高さ15m以上もある大きなケヤキを、カナダヤマアラシの新しい展示場にしました。

カナダヤマアラシ

前の展示場でも低いクスノキがあり、ヤマアラシたちが登れるように飼われていましたが、樹上に登っても高さがなく、あまり驚きがありませんでした。

しかし、引っ越し先のケヤキでは、真下からは、はるか樹上にいる姿が見えますし、木の中ほどにあるイソップ橋のループからは目の前で休んでいる姿を観察できるようになったのです。

カナダヤマアラシに出くわしたお客さんは、一瞬驚き「逃げているのかな?」とか「え!こんなところにいていいの?」など意外な出会いに驚きの声をあげるのでした。

地中生活に適応した穴掘り行動を見せるツチブタと、樹上生活に適応したホフマンナマケモノの対照的な行動の比較展示も行ないました。

ナマケモノは1983年にシカゴのリンカーンパーク動物園から贈られたパナマ産のホフマンナマケモノで、ずっと屋内飼育だったものを屋外にも出られるようにしたところ、ときどき天井の漁網を破り脱走するようになりました。

カナダヤマアラシ樹上展示

そこで、思いきってケージの外にあるイチョウの大木へ自由に行き来ができるようにしたのです。ナマケモノの担当者もカナガヤマアラシと同じ細田さんでしたが、こちらには柵を取りつけないといいます。不思議に思って尋ねました。

「ナマケモノもカナダヤマアラシのように、地上に柵が必要だろ？」

「ナマケモノは太い木を抱いて地上に降りることはできないから、柵は必要ないのです」

彼は自信ありげにそう応えました。

来園者は真上のイチョウを見上げると、意外と素早く枝から枝へと移動するナマケモノの行動能力を観察できるようになりました。こうしたちょっとした飼育係の工夫でいろいろな行動展示が実現していったのです。

動物たちにとっての環境には飼育係が含まれることを忘れてはなりません。展示場としての環境の改善だけでは、動物たちの飼育環境の真の改善にはならないのです。日々動物と接触する飼育係はときとして動物たちのストレス源になることさえあります。飼育係がストレス源にならないためには動物をよく観察し、行動に合わせた世話をしなければなりません。

動物をよく見ながら世話をし、その動物の種としての特徴、個体としての性格を知った上で思いつき、考えついた行動展示の手法にこそ価値があるのです。飼育係と担当動物とのあいだによき絆が結ばれ、信頼関係ができて、はじめて動物たちは自然な行動を見せてくれるのです。

30年越しの夢、クマの冬眠

多摩動物公園の新人のころ、クマの人工飼料を作ったことはすでに紹介しましたが、開発にあたりすぐにはじめたのは、食べたえさの量と糞の量を毎日量ることでした。その結果、クマの採食量も糞量も秋が一番多く、春も多めなのに対し、夏と冬は少なくなり、特に冬は食欲がなくなり、糞量も少ないということがわかりました。

気温と比較すると、月平均気温15℃前後のころ、食欲は最も旺盛になり、高くなっても低くなっても採食量は減少しました。このことは野生のクマの生活からすれば当然のことです。冬は冬眠をしていて本来はえさを食べないし、秋にはたくさん食べて冬眠に備えるからです。

冬になると高齢だったヒグマの「タカ」は放飼場で落ち葉を集めて丸くなり、穴に入って冬眠してしまいたいというように動きは鈍くなっていました。その姿を見るうちに、タカを冬眠させたいという思いが強くなり、わらや干し草でふかふかにした寝室にタカを閉じこめてみました。

タカはすぐに巣のような寝床を作って丸まってじっとしていたのですが、本格的な冬眠へ導くことはできませんでした。毎日、クマ舎の建物に出入りすると、重い鉄扉の開け閉めのたびに「ガチャン・バタン」と、大きな音が出てしまい、眠りの妨げになってしまったからです。

また、柵の隙間から光は入ってきますし、落ち着いて冬眠できる環境を整えるのは困難でした。いま思えば、ときどきかわいそうになって、ついえさを食べさせたりしたのも冬眠しなかった原因でした。

毎年冬になると食欲は落ち、動きも鈍くなってしまうクマたちに冬眠をさせてやれないことを申し訳なく思い続けていました。クマが冬眠することは、クマ本来の生理現象ですし、教科書や動物の本などに書かれ、日本人ならだれでも知っています。しかし、どこの動物園でもクマは冬も起きたまま飼われ、冬眠姿を展示している動物園は世界中どこにもありませんでした。

動物が寝てしまっては、動物園の展示にならないから、冬眠させようとはだれも考えなかったのでしょう。動物園で行なわれていないということは、技術的にも難しい課題に違いないと考えていました。

心残りだったクマを冬眠させたいという私の夢を実現する機会が30年ほどたってからやってきました。上野動物園の飼育課長として、クマ舎の建て替えのための構想を練ることになったのです。すぐに、若いころに考えていた「クマたちが冬眠できる理想のクマ舎」が頭に浮かびました。

冬眠する動物たちを冬眠へ導く条件は、寒さ、静寂さ、食べ物のないことの3点であることは想像できます。動物園のクマたちは、冬でも雪の積もった山の中のような一定した寒さでは飼われていません。毎日大勢のお客さんが訪れ、園内の騒音や飼育作業のドアの開け閉めも目を覚ます原因になります。

そこで、クマが冬眠できるようにいくつかの仕掛けを作ることにしました。寒さを作りだすため冬眠準備室にマイナス5℃まで下げられるクーラーを付け、二重構造の防音室にした冬眠ブースを備えた新しいクマ舎が2006年に完成しました。

こうして寒さ、静けさは確保できましたが、食べ物を与えないのは、飼育係にとっては決心のいることです。でも、思いきってえさを与えずにいたところ、絶食3日目から冬眠に入ったのです。

飲まず食わずの冬眠中は生命の危険と隣り合わせです。クマを冬眠させる計画が報じられると、クマを冷蔵庫みたいなところに入れて絶食させるなんて、かわいそうという投書が何通も届きました。マスコミは冬眠中にクマが生きているかどうか、どうやって判断するのかと報じ、旭山動物園の小菅園長の「いつでも撤退する覚悟、勇気が必要だ」というコメントが載っていました。

こうした反響から、冬眠中のクマの健康状態をリアルタイムで知ることができないか模索しはじめました。すると、報道を耳にした首都大学東京のシステムデザイン学部の鈴木哲先生から貴重なアドバイスと機器の提供を受けることとなりました。

マイクロ波を使った非接触計測システムで、レーダーを使って冬眠させるクマの生命反応を読み取ろうというものです。中越地震の際に崖崩れの岩の下で車内に閉じ込められた男の子の生存を確認したのと同じ装置で、これを冬眠ブースの天井と床に設置しました。

この装置のおかげで冬眠中の「クー」が生きていることが確認でき、呼吸数は1分間に平均3回、心拍数は10から20回と通常より少ないことも判明しました。映像からは冬眠中のクマは水を飲まないことや糞をしないこと、ときどき寝返りをうったり、あくびをしたりして、短時間動くこともわかったのです。

クーは野生のクマと同じように春先に冬眠明けして元気に出てきました。10キロほど体重は減っていましたが、軽快に動き、筋肉も衰えていません。本来絶食している冬にえさを食べている動物園のクマはたいていメタボで、冬眠させない方が残酷なのではないかと思いました。

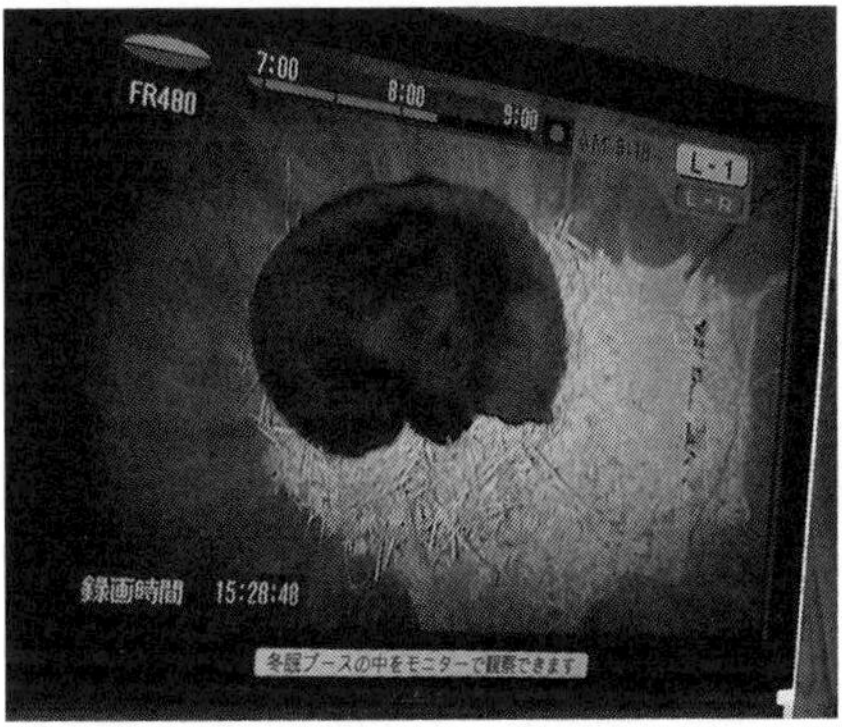

展示された冬眠の様子をリアルタイムで映すモニター

また、以前は寝ている動物を見せているとお客さんに怒られたものですが、冬眠しているクマに関して起こせなどという苦情はありませんでした。さらに2011年には、自然界と同じように冬眠中の出産があり、子が育ちました。

上野動物園は常に新しいチャレンジをし、日本の動物園界をリードしてきました。最近の動物園界では動物の本来の生態や行動を見せることが、新しいビジョンになりつつあります。クマの冬眠展示は来園者に対してはクマの本当の生態を見てもらえ、クマにとってはクマの生理にあった生活をさせることができ、上野動物園にとっては飼育技術力にさらに磨きをかける、一石三鳥の効果を持っていたと思います。クマの冬眠展示は、眠っていて動かない動物を見せているにもかかわらず、究極の行動展示になったのです。

日本人にとってクマは普通の動物であり、昔話などにも登場するなじみの動物です。日本の動物に対しては簡単な施設で飼えるという錯覚が、無意識のうちに日本の動物園、動物園人の習慣になっていたように思います。

冬眠施設を備えた新しいクマ舎は、構想から完成まで5年間の年月と、日本宝くじ協会からの約5億円の助成金を費やしてオープンしました。上野動物園はクマという日本ではあたりまえの動物にいままでには考えられなかった額の投資を行ない、クマ本来の生態、行動を引きだすことに努めたのです。

最近の動物園に対する評価のひとつに「域内保全への貢献」があり、上野動物園にとっては域内保全に貢献しやすいのは、ツキノワグマをはじめとする地元日本の動物で、保全に役立つデータを集め研究することが現実的でしょう。一種でもよいから地元の動物の域内保全活動に関わりを持てる域外保全活動を行なっているかどうかが、これからの動物園のステータスになると思います。

新しいクマ舎の完成祝いに駆けつけた、私の前任の園長だった菅谷博さんから、二次会の席で「きっと小宮はクマの冬眠は無理と諦めるだろうと思っていたんだ！」といわれました。私は菅谷さんの下で4年間飼育課長を務め、引き続き7年間園長を務めましたので、11年間続けて上野動物園の動物の責任者でいられたわけです。

クマの冬眠展示は私が飼育課長のときに構想を練り、継続して園長になったので、途中で変更されることはなく、夢を実現できたのだと思います。一方で、叶わなかった計画もあります。それが、泳ぐゾウを見せる巨大なアクリル水槽の計画でした。

現在上野にあるゾウ舎は、飼育係長のときに私も構想に参画し、巨大なアクリル水槽を計画に入れました。テレビのコマーシャルに登場した海を泳ぐゾウの映像で閃き、日本の水族館の巨大水槽技術から可能と考えてのことでした。

その後、井の頭と多摩に転勤になり3年後に飼育課長として戻ってきたとき、見せられた設計図からはアクリル水槽は消えていました。やはり、夢だったのかなと諦めたものですが、国際会議で行ったライプチヒ動物園で完成したばかりの世界初のアクリル水槽に泳ぐゾウを見せつけられたのです。もし、上野でゾウ水槽を作っていたなら世界初は上野だったのにと悔しい思いをしたものです。

ライチョウにチャレンジ

毎年、冬になると、旭山動物園の雪上ペンギンパレードがテレビを賑わしています。上野動物園でも運動不足解消や、足の裏側に固いタコができる趾瘤症《しりゅうしょう》予防のために行なっていましたが、アスファルトの上での行進であり、雪の上を歩き滑るペンギンたちにはかないません。

フロリダやカリフォルニアの温暖な地域の水族館でも南極のコウテイペンギンなどを大規模に飼育展示しています。人工の雪が降り、氷の上を歩き滑るペンギンを見ることができるのですが、こうした人工環境の維持には膨大な電気エネルギーが必要です。

人類は地球の気候変動、温暖化防止に取り組まなければならない時代になりました。動物園・水族館も例外ではなく、今後エネルギーの使用を計画的、抑制的に行なわなければならなくなるでしょう。膨大なエネルギーを使い南極の環境を再現することは可能ですが、動物園・水族館が環境教育の場であることと、あい矛盾することになります。

東日本大震災と原発事故では、東北の水族館や動物園では電気エネルギーに頼って飼われていた生き物の多くが命を落としました。この経験は電気エネルギーに頼らない省エネ型展示や飼育の模索に繋がったように思えます。

上野動物園の入園者数は春と秋にピークがあります。夏休みなのにもかかわらず、夏の入園者数が少ない原因は暑さです。コンクリート壁やアスファルトの照り返しは夏の暑さを増長し、冬にも寒々とした景観を醸し出します。

そこで、コンクリート壁の壁面緑化を促進し、観覧通路を緑のトンネルにして、アスファルト面を剥がしウッドチップ舗装や遮熱舗装に変え、森の中から動物を観察している雰囲気を作りだす試みを開始しました。

実験的に子ども動物園のアスファルトを剥がし土に変え、アスファルトの上にウッドチップを敷き詰め、夏の地表温度を測定しました。すると、45℃近くなるアスファルトに対し、土では平均3・4℃、最大12・4℃、ウッドチップでは平均5・5℃、最大11℃表面温度が低くなるという結果を得ることができました。

そのうち、動物園で省エネ型展示を実現するため、所在地の気候に近い生息地の動物を選んで飼わなければならない時代が来るかもしれません。たとえば、上野動物園では熱帯に棲むスマトラトラを飼育していますが、省エネという点からは温帯の中国のアモイトラを飼うのが理想的です。

「種の保存」とは単に繁殖させ個体数を増やすことではなく、野生での形質が保存されなければなりません。動物園と生息地の気候が近い動物を選んで飼育することは、省エネだけでなく、真の種の保存という意味で重要なことになるでしょう。

現に、ドイツのライプチヒ動物園では、ホッキョクグマに最適な環境を造るには膨大な経費と電気エネルギーが必要との試算結果から、人気動物であるホッキョクグマの飼育展示を諦めています。

旭山動物園と多摩動物公園ではシベリアに棲むアムールトラを飼っています。形質の保存という点ではアムールトラの飼育は東京より北海道で行なう方が有利です。1000年後に東京と北海道で飼い続けた300世代後のアムールトラを比べたとき、東京のトラは北海道のトラに比べ暑さへの適応から体毛数が減り、毛の長さも短くなっているでしょう。北海道で飼育した1000年後のゾウはマンモスのように毛深くなってしまうかもしれません。

そんなバカな、と思うかもしれませんが、イヌ、ウマ、ウシなどの家畜は世界各地に、地域に適したさまざまな形質の品種が知られ、1000年単位で考えれば野生動物の形質も変化することは容易に想像できるのです。

日本では高山帯の生物相が地球温暖化の影響を受けやすいと心配されていますが、その象徴がライチョウです。ライチョウは北極圏に広く分布していますが、ニホンライチョウは日本の高山に生息しています。この生息地域は、ライチョウの生息域のなかで最南端にあたります。ニホンライチョウが日本にやってきたのは約2万年前といわれており、遺存種として貴重な存在なのです。

ライチョウの羽毛は、夏は褐色で冬は純白と季節によって色が変化します。この色変わりは、冬に積雪する高山で羽毛が目立たないようにするためですが、変化の刺激になるのは雪景色ではなく日長の変化ですから、雪が降らなくとも冬になれば白くなります。

これは実はやっかいで、雪の降る前に白くなればイヌワシやオコジョなど天敵にすぐに見つかってしまうでしょう。実際に、2015年夏、サルがライチョウの幼鳥を捕らえている写真が日本アルプスの東天井岳で写され、衝撃を受けました。

日本のライチョウで最も心配されているのは、世界で一番南に分布する南アルプス南部、静岡県のライチョウです。温暖化で南アルプスの積雪が減り、雪景色の到来が遅れ、地面は茶色いのにライチョウは白くなると、天敵に狙われやすくなってしまいます。

もうひとつ心配なのは、高山植物帯までシカやサルが侵出し、ライチョウのえさである高山植物を食い荒らしていることです。これも気候変動の影響かもしれません。

タンチョウもトキもコウノトリも東京の動物園で増殖技術を開発し、生息地から離れた動物園での域外保全ではありますが、縁の下の力持ちとして、生息地での復活、域内保全を支援してきました。タンチョウ、コウノトリ、トキの支援活動は実り、徐々にその数を増やすことができました。

一方で、1983年に約3000羽とされた日本のライチョウは、2009年の推定で約1700羽に減少しています。こうした背景から、上野動物園が日本の稀少鳥類のために貢献できるとしたら、次はライチョウではないかと考えました。

ライチョウは北極中心に分布していて、ノルウェーの北極の島・スバールバル諸島に生息しています。ノルウェーでは年間数十万羽のライチョウを狩猟し食料にしているのです。ノルウェー最北のアムンゼンの町トロムソにあるトロムソ大学では、豊富な自然資源をいつまでも利用するために、絶滅させないようにライチョウやトナカイ、ジャコウウシなど極地動物の研究をしています。

トロムソ大学のブリックス先生に日本のライチョウの現状を伝え、研究のため卵を譲ってもらえないかメールで相談しました。最初に返って来た返事は「協力できない」というものでした。

もう一度メールをして真意を聞くと、「前に日本の研究者に頼まれライチョウの卵を100個送ったが、その結果の報告が何もないので、もう日本には卵を送りたくない」とのことでした。さらに交渉を進めた結果、もしトロムソ大学までライチョウの勉強に来るなら、来年の繁殖期に卵をあげましょうという返事をもらうことができたのです。

2008年夏、掘秀正飼育係長と、鳥類人工孵化のベテラン高橋幸弘さんをトロムソ大学に派遣し、ライチョウの飼い方・殖やし方を学んできてもらいました。トロムソ大学の2週間で、2人はブリックス先生をはじめ研究者や飼育係の人と仲良くなりました。もうライチョウの産卵期（5～7月上旬）は終わっていて孵らないかもしれないけれどと、念を押したうえで、2人に23個の卵をお土産にくれたのです。

きっと、研修が終わるころ、2人は孵卵器に入れる予定のない机の上に転がっていた卵を欲しそうに指をくわえていたのでしょう。今やメールなど直接顔を会わせなくとも交渉できる時代ですが、やはり直接会うことが大事なのだと思いました。

1年前倒しでライチョウの卵が上野に到着し、幸い5羽の雛が孵化し、2羽が育ちました。2009年には私が今後の協力をお願いするためにトロムソを訪問し、87卵を譲り受けたのです。この年は55羽が孵り、26羽が育ちました。

ライチョウの生息する長野県、富山県、石川県の動物園、博物館が興味を示してくれたので、雛たちを配り共同でライチョウの飼育下増殖技術の開発などの域外保全活動に取り組むことになりました。北極のライチョウを東京で繁殖させ、生息地の動物園でも飼育繁殖に成功したことで、日本のライチョウの域外保全に環境省も踏み切ったのです。

2015年、2016年には、長年ライチョウを研究している信州大学の中村浩志教授の調査地乗鞍岳《のりくらたけ》で卵を採取し、上野動物園だけでなく、富山市ファミリーパーク、大町山岳博物館で雛が育ちました。

ライチョウは1年で性成熟しますから2017年には飼育下で産卵し、次世代の雛が育っています。将来、白山や八ヶ岳など絶滅した山々での復活などの域内保全活動に貢献できるのではと期待に夢が膨らみます。

日本在来の家畜・家禽が消える?

２００７年の世界動物園水族館協会の総会はハンガリーのブダペストで開催されました。私にとってはじめての動物園を訪ねたときの楽しみは、はじめての動物に出会うことです。意外に思われるかもしれませんが、初体験動物にたくさん遭遇する場所は、実は子ども動物園なのです。ブダペスト動物園でも狙いは当たり、子ども動物園で、いままでに見たことのなかったハンガリーの在来家畜や家禽に会うことができました。在来乳牛のハンガリアン・パイド、ブタはハンガリー人自慢の毛深いイノシシのようなマンガリッツァ、在来犬のムーディーまで飼われていました。

家禽コーナーには首に羽のないニワトリがいて、皮膚病のニワトリがいると思いながら、ネームプレートを見るとトランシルバニア・ネイクド・ネックという在来品種とわかりました。日本語にすれば「トランシルバニア禿首鶏《はげくびどり》」といったところで、特別な品種に違いないと思いシャッターをきりました。

日本に帰って家畜家禽の権威である正田陽一先生にお聞きしたところ、ニワトリには裸《ら》頸《けい》遺伝子をもった「ハゲ頸」とよばれる品種があると教えていただきました。もっと改良すれば、料理するときに羽をむしらなくてもよい品種になるのかもしれません。

ブダペスト郊外の農業公園の見学もありました。そこでは、昔ながらの牧場を再現し、ハンガリー在来の家畜、家禽がたくさん集められていました。立派な角のハンガリー草原牛や乗用馬ノウスなど動物園で飼えないような大型の在来家畜を使役しながら展示していたのです。

その土地の在来家畜を保存するのは難しいことです。ハンガリーのような牧畜国家でも、動物園や特別な牧場で残さねばならなかったのでしょう。ドイツやオランダの動物園でも在来家畜を大事にしていました。

2007年の朝日新聞に「地域固有の家畜が消える?」という大きな記事が載りました。在来家畜が絶滅の危機にあるということを国連食糧農業機関（FAO）が警告しているのです。経済のグローバル化により、在来家畜は経済性の高い品種にどんどん置き換えられています。日本も例外ではなく、日本で普通に見られる家畜といえば乳牛はホルスタイン、肉牛は黒毛和種、馬はサラブレッドといった具合に単純化しているのです。

こうした現状を危惧して、2008年に小さな牛が上野に2頭やってきました。この2

品種の牛を動物園が飼うのは、世界ではじめてのことでした。鹿児島県トカラ列島産の口《くち》之島牛《のしまうし》と山口県萩市の北西44㎞沖の日本海に浮かぶ見島の見島牛《みしまうし》です。

日本に牛が入った古墳時代から日本人の生活を支えてきた在来牛の生き残りで、ともに100頭前後しかいません。黒毛和種などの和牛こそ日本の牛と思っている人が多いと思いますが、和牛は純粋の日本の牛ではありません。

（右）見島牛と（左）口之島牛

明治政府は、欧米に追いつけと、日本の小さい在来家畜、牛も馬も肉や乳がたくさん採れ、重い荷物が曳《ひ》けるように大きく改良したのです。在来牛にヨーロッパの1トン級の牛を交配してできたのが和牛です。だから和牛は、正確には「和洋折衷牛」とでもよぶべきでしょう。

明治時代以前の日本ではウシやウマが田畑を耕し、荷物を運び荷車を曳く役畜として飼われてきました。しかし、日本各地にいた在来牛は、口之島牛と見島牛を除き、西洋の牛との雑種化と農業の機械化、モータリゼーションの発達で急速に姿を消します。

なぜ、この2種だけが残ったかというと、見島牛は日本海の孤島で西洋のウシと交配されることなく飼い続けられ、口之島牛は大正時代のはじめに在来牛が逃げ出し、西洋の牛とまじることなく、野生の状態で残ったのでした。

江戸時代以前の絵巻物や浮世絵などに描かれるウシの姿は、山車や牛車をひいており、体の前半身がガッシリと発達した働く役牛として描かれています。日本では、仏教の影響でウシは肉牛や乳牛としてではなく、役牛《えきぎゅう》として長いあいだ飼われてきたためにできあがった体形です。

見島牛も口之島牛も典型的な役牛の姿をしています。見島牛の毛色は黒く、肉は良質の霜降りで、黒毛和牛の祖先種ではないかといわれます。一方、口之島牛の肉は赤肉で、黒毛、赤毛、黒と白、赤と白の斑毛などいろいろな毛色のウシが残されています。

平治物語絵巻に描かれている牛車の牛も体の前側が発達した黒白斑のウシであり、上野に来た口之島牛とそっくりです。1861年に孝明天皇の妹和宮の輿入れにあたり、江戸城まで輿の牽引に用いられた牛は、同じ斑模様の毛並みを揃えた6頭の斑牛で口之島牛のような牛だったと伝えられています。

在来家畜は、各地の風土や文化に合うように長い時間をかけて創られてきました。地域ごとの気候、えさに適応し、病気や寄生虫への抵抗力を備えてきたからこそ、確立した品種です。地域に適応した遺伝子を失うことは長い目で見れば地域文化・経済の損失であり、気候変動の影響で温暖化が進めば、寒冷地起源のホルスタインは日本で飼えなくなることだってありうるのです。そのときこそ、古墳時代から飼われてきた口之島牛や見島牛の遺伝子に出番がくるかもしれません。

アグー

消えた家畜は牛だけではありません。我々の食卓や童話でもお馴染みの、ブタもそのうちに入ります。675年、殺生禁断政策が発せられ、日本では役畜として使えないブタの飼育は衰えました。そのあいだ、肉食禁止思想の及ばなかった沖縄をはじめとする南西諸島で、アグーとよばれる背のくぼんだ黒い小さなブタが飼われてきました。

鹿児島県側の薩南諸島に属するトカラ列島や沖縄本島北部に少しだけ残っていた小さな黒豚を交配し、アグーが復元されました。現在、上野では、沖縄子どもの国と北部農林高校からアグーを借用し子ども動物園で公開しています。

小型の在来山羊、トカラヤギはトカラ列島で半野生の状態で飼われてきましたが、大型のヤギである日本ザーネンが導入されたことで、雑種化し、純粋種は少なくなりました。アグーもトカラヤギも冷蔵庫の無かった時代には一度に食べきれる小さな合理的な家畜でした。資源の持続可能な利用という意味で、日本在来家畜は長年利用されてきた持続性の高い資源だったのです。

トカラヤギの母子

純粋のトカラヤギは鹿児島大学と平川動物公園に残され、上野の子ども動物園でも、この小さな在来家畜の保存に協力するため平川動物公園から分けてもらいました。

日本人が創りだした動物で世界的に通用するものに、錦鯉と日本鶏《にほんけい》があります。古くからの日本鶏の一品種である小国《しょうこく》は、正しい時を告げるという意味の「正刻」「正告」から派生したとされ、日本人は鶏の第一の用途を時計代わりとして飼いはじめたといわれています。鶏は夜明けを正確に知らせ、闘鶏《とうけい》や占いに使われ、ついでに肉や卵も利用され、江戸時代になると優雅な姿をした日本鶏が各地で成立しました。

時を告げるという点を発達させ改良された鶏が「三大長鳴鶏《ながなきとり》」といわれる「東天紅《とうてんこう》」、「声良《こえよし》」、「唐丸《とうまる》」の3品種です。どの鶏も、十五秒間ほども「コケコッコ――――」と長く鳴き続けます。

子ども動物園の尾長鶏

闘鶏用に改良されたのが「軍鶏《しゃも》」で、大軍鶏だけでなく中型の品種や小型の品種もあり、人気です。小型の鶏で昔から愛玩用に改良されたのが「矮鶏《ちゃぼ》」で、羽色や羽の形などに違いのある多くの品種が創られました。

土佐の「尾長鶏《おながどり》」は世界に誇る日本鶏で、尾羽は数mに伸びます。参勤交代の奴さんが槍の鞘につける飾りにするため、尾羽が換羽しない鶏を大事にして創られました。

子ども動物園では尾長鶏、長鳴きの東天紅、愛玩用のいろいろな羽色の小さなチャボやオヒキ、尾羽のない「鶉尾《うずらお》」などの日本鶏を放し飼いにして、美しい日本鶏に親しみながら、知ってもらうようにしています。

日本人は食べたり働かせたりする目的ではなく、楽しむための家畜、家禽の育種改良に秀でた、感性豊かな民族です。上野の子ども動物園は動物とのふれあいを通じて、命の大切さを実感する場として機能してきました。

子ども動物園開園60周年を迎えた2008年から、少なくなった日本在来の家畜や家禽を本格的に集め、命の教育とともに日本人の創造した生ける文化財の展示、日本人の創りだした遺伝資源の保存を新しい役割に加えています。

日本の小さなウシやウマ、ブタやヤギ、羽色豊かなニワトリたちも滅ぼしてしまったらおしまいです。いつかきっと役立ち、楽しましてくれる時代がくるでしょう。現代の動物園は「野生動物の保全」をひとつの柱にしていますが、日本の在来家畜・家禽の保全に貢献することも新しい大事な役割ではないでしょうか。

動物の所有権は誰のもの？

大河ドラマでは上杉謙信も武田信玄もサラブレッドに跨っています。しかし、戦国武将が騎乗していたのは日本在来馬で、ポニー級の小さなウマたちでした。源義経の鵯越《ひよどりご》えで畠山重忠が愛馬を担いで崖をくだったという伝説も、当時の馬が小型であったことをうかがわせるエピソードです。

農耕や運搬に使われた牛馬は、日本人が扱いやすい大きさで、古墳時代以来約1500年にわたり利用されてきた持続性の高い資源でした。しかし、明治維新後に西洋品種との交配で大きくなり、昔からの在来品種はほとんど姿を消してしまいました。

1990年5月にリニューアルした子ども動物園のシンボルとして、昔の東北地方の伝統的な農家の造りである「曲屋《まがりや》」を模した建物を造りましたが、飼われていたのはアメリカンミニュチアホースです。いつかは在来馬をこの場所で飼いたい、と思っていたところ、鹿児島大学からトカラ馬の「琥太郎」が寄贈されることになりました。その後も次々と在来馬を揃えることができ、曲屋に本来の日本の馬をすまわせることができたのです。

２００8年4月には愛媛県今治市から葦毛の野間馬《のまうま》「えりか号」が寄贈され、子ども動物園開園60周年を記念し、秋篠宮家の眞子内親王殿下のご臨席をいただき盛大に贈呈式が行なわれました。

野間馬のルーツは江戸寛永のころ、松山藩が農家に委託して殖やした小型馬です。体高4尺（１２１㎝）以上の大きい馬を良馬として高く買いあげ、4尺以下の小さい馬は農家に払いさげていました。このときの小型馬が野間馬の先祖で、粗食に耐え、蹄鉄《ていてつ》もつけずに、瀬戸内の急傾斜地の段々畑で、ミカンや作物、水や肥料を運び、農民に重宝がられ大事にされていたのです。

戦後の自動車や耕運機、ミカンを運ぶケーブルの発達で、野間馬は減少の一途をたどります。そんななか、松山市にあった道後動物園の清水栄盛園長が故郷の動物の絶滅を心配し、ニホンカワウソとともに野間馬の飼育をはじめました。

ニホンカワウソは殖やせませんでしたが、野間馬はよく繁殖し、半世紀を超えた２００7年には84頭になりました。この84頭すべてが動物園で生まれた馬たちの子孫であり、動物園での飼育展示が在来家畜の保存に貢献できることを示したのです。

日本在来馬は全国8か所に２０００頭ほどが飼われています。「道産子」の名で親しまれる北海道和種が１５００頭ほどで、他の7品種は30から１２０頭ほどしか残っていません。どの品種も非常に貴重であり、購入した馬の繁殖も、それぞれの飼育先が一丸となって取り組みます。

木曽馬の母親と子 初桜

上野が購入した木曽馬《きそうま》の「幸泉《さちいずみ》」は２００９年春から初夏にかけて木曽馬の里に種付けのため里帰りし、２０１０年3月にメスの子を出産し「初桜」と命名しました。このときは「種付け料」を木曽馬保存会に支払い、生まれた子ウマは木曽馬保存会の所有とすることで交配させてもらいました。

「お金を払って種付けしたのに子どもを譲るのでは、上野動物園は丸損ではないか」と文句をいう人もいました。しかし、もし、「お金を払ったのだから」といって、生まれた子ウマを上野の所有にし、次の子も同様に上野のウマとしたならば、その時点で木曽馬は母親を入れて3頭になります。狭い上野ではこれ以上木曽馬を飼うのは無理ということになり、繁殖制限をすることになってしまいます。

2歳になった初桜は、母親の幸泉と木曽に帰りました。幸泉は再び4か月を木曽馬の里で過ごし、妊娠して上野に戻り、翌年には第2子であるオスの「春嵐」を出産しました。所有権を放棄することで、3年に一度は上野でウマの子を見てもらえるようになったのです。

春嵐は体形が木曽馬にふさわしい良いオスだったので、将来の種オス候補として木曽馬の里に返されました。木曽馬の復活に努力してきた木曽馬保存会に、上野動物園は継続して協力し応援できるようになったのです。

よく、「パンダの子が生まれても、中国へ帰ってしまって、日本のパンダにはならないのでしょ?」とパンダの所有権の質問を受けます。

日本に最初にきたカンカンとランランは日中友好の親善大使として贈呈されたものでした。当時、中国は世界の主要国にパンダを贈っていたのです。その時代が終わり、現在はパンダを絶滅から救うための協力を条件に貸し出される時代になりました。

2017年、上野で生まれたメスの子「シャンシャン」も、適齢期になるころに中国に帰るはずです。所有権を主張し上野独自で繁殖を考えると、交配相手は父親の「リーリー」しかいません。したがって、自前で殖やすことはできず、すぐに行き詰まってしまいます。

ジャイアントパンダという動物の「種の保存」を考えると、血縁関係のない適齢期のお婿さんを選ばなければならず、お婿さん候補は生息地である中国にしかいないのです。

中国では10年おきに野生パンダの生息数を調査していて、第4回になる２０１１～13年の調査では１８６４頭でした。第１回の１９７４～77年は２４５９頭いたのに、第２回の１９８５～88年は半分以下の１１１４頭しか確認できませんでした。

この原因は、１９８０年代にパンダの生息地で竹が開花し実をつけ枯れてしまい、たくさんのパンダが餓死したからです。日本では毎年１０００～５０００頭のクマが駆除されていることを考えると、広い中国でこれだけしかいないのは、本当に心細いことなのです。

上野動物園のパンダ、シンシンとリーリーは２０１１年に来園して、すぐに東日本大震災に遭い、動物園も閉園になりました。その後、４月１日から開園すると、多くの人がパンダに会いにきました。東京に避難している被災地の家族も招待しました。子どももおとなもパンダを見ると、みんな笑顔になったのです。

現在、中国から世界各地に貸し出されているパンダのレンタル料はパンダの保護に使われています。私はパンダに限らず動物たちは世界中の共有財産なのだと思っています。パンダをはじめいろいろな稀少動物で、飼育下で殖やした個体の野生復帰によって自然の生息地を回復させる試みが行われています。

域外保全は域内保全に貢献してはじめて成果をあげたといえ、自然で暮らせる環境の生息地が無くなっていたなら、野生復帰など不可能です。動物たちの所有権は故郷の生息地にあるという思想も広まりつつあるのは、そうした背景があるのです。

パンダも地球上から姿を消さないよう、いつの時代の子どもたちも笑顔になれるよう、守っていかなければならないのです。

北京動物園秘伝の「パンダ粥」

私が園長をしていて最後の大仕事になったのが、リンリンの死後に空いていたパンダ舎に新しいジャイアントパンダを迎えることでした。新しくパンダの「リーリー」と「シンシン」を迎えて、パンダの飼育について考えさせられたことがありました。

2011年2月22日、上野動物園に新しいパンダがやってきます。深夜の到着で、オスのリーリーは、新居に興奮気味で走りまわっていましたが、メスのシンシンは落ち着いていて、用意しておいた竹を食べると、寝てしまいました。

翌朝、パンダ舎に行って、私は2頭が良い状態で、健康な個体であると直感しました。それは2頭そのものを観察してよりは、2頭の糞を見てのことです。パンダの糞の形は新潟名産の笹団子にそっくりです。いままで見てきたパンダでは、糞の大きさは笹団子大からその2倍くらいのものまでさまざまでした。ところが、新しい2頭の笹団子は、いままでのどの個体より大きく立派なものでした。

（上）リーリーと（下）シンシン

パンダの主食は竹や笹ですが、竹や笹は量りにくいので、毎日糞量を量って食欲の目安にしてきました。いままでは糞量が10kgを超えることは珍しく、超えていれば食欲良好と安堵したものです。

昨日到着したばかりなのに、2頭の糞量は10kgを軽く超えていました。3月に入り環境にもなれてくるとオスのリーリーの食欲はどんどん増し、大きな糞を大量にするようになり、一日に20kg以上、最高で26kgもの糞をしました。

カンカン、ランランからリンリンまでの36年間の飼育方法と決定的に違うのはえさで、竹を重視したものに変わっていました。1頭あたりの1日のメニューは、竹を20kgほど、リンゴ1個半、ニンジン6本、そして特製の栄養団子を1・2kgというシンプルなものです。以前のメニューには、馬肉スープで麦飯を炊きあげた「パンダ粥」やサトウキビ、カキ、ナツメ、サツマイモなども入っていました。

パンダ粥に代表される1972年からのメニューは、北京動物園から伝授されたものです。中国といえどもパンダを動物園で初めて飼育したのは1955年のことで、北京動物園のメニューもまだ開発途上のえさだったと考えると合点がいきます。未知の動物を飼おうとするとき、どうしても人間の感覚で、えさを与えたくなるものです。

たとえば、1958年から1972年までロンドン動物園で飼われていたパンダの「チチ」のメニューには鶏のローストチキンが入り、紅茶まで飲ませていたそうです。日本のように竹や笹を豊富に入手できないイギリスでは、いろいろなえさを試みたのでした。パンダの飼育がはじまったころはえさに関しても試行錯誤の連続だったのです。

ミルク粥や煮イモ、サトウキビなどはパンダにとっても美味しいらしく、与えればいくらでも食べます。その結果、当時のメニューでは主食であるはずの竹の採食量が減ってしまいました。竹をたくさん食べれば、形の良い大きな糞を大量にしますが、以前のメニューの糞量は10 kgが目途でした。

上野ではこの時点まで9頭のパンダを飼いましたが、この限られた頭数ではえさを変えることは冒険で、この超稀少動物に対しては、ずっと北京動物園から伝授されたメニューを守ってきたのです。

一方で、リーリーとシンシンが生まれ育ったパンダ生息地、地元四川省にある中国パンダ保護研究センターでは、たくさんのパンダを飼育しえさの研究も積極的に行なっていました。その結果、野生のパンダの食性に近いえさ、すなわち竹という自然食を与えることこそが、パンダを健康に飼う最も良い方法であると結論づけたのです。パンダの消化器は数十万年の年月をかけて竹や笹、筍に適応して進化してきたのだから当然といえば当然の結果でした。

初代ランラン、カンカンが相次いで死んだころ、中国で取材したマスコミが「日本ではパンダに贅沢をさせている、もっと粗末なえさで飼った方が良い」と報じたことがあります。当時、粗末と訳したのは間違えで、本当は笹や竹といった粗飼料《そしりょう》中心のえさで飼った方が良いということだったのです。

私自身当時は多摩動物公園の飼育係でしたので、口には出しませんでしたが、リーリーとシンシンの竹への食欲を見て、若いころの記憶がよみがえりました。本来のえさである粗繊維の多い竹や笹こそが大事であり、報道があったころには、中国でもすでにえさへの対応が変化しはじめていたのではないか、と思いだされました。

大地震の日、動物園は……

２０１１年3月11日、東日本大震災が発生しました。園長室でも大きな揺れを感じ、常備してあるヘルメットをかぶって事務所を飛び出しました。飛び出したのは身の安全もさることながら、動物たちの様子をいち早く知りたいという気持ちが働いたからです。

普段バラバラにいる鳥たちがかたまりになり群れているのを見て、ゾウ舎わきの坂を登り、お見合い中のゾウの様子と飼育係の無事を確認し、私の足はパンダ舎に向かっていました。2月21日に到着していた新しいジャイアントパンダが気になったのです。

まだ、寝室内で検疫中だったパンダは、オスもメスも地震に驚き走りまわっていました。15分ほどでメスのシンシンは落ち着きを取り戻し、竹を食べはじめ、1時間もしないうちに寝てしまいました。一方オスのリーリーは、その後の余震にも驚き、落ち着きを取り戻すのに2時間ほどかかりました。

この差はオスメスの違いではなく、それぞれの個性なのでしょう。2月に到着したときも、シンシンは新しい環境でもすぐ落ち着き、リーリーはそわそわしていました。2頭に付き添ってきた中国パンダ保護センターの黄さんも、パンダとともに3年前の四川大地震を経験していました。黄さんは四川の揺れは東京での揺れとは比較にならないほどすごいものだったと、私たちを安心させようと話してくれました。

地震発生時の動物たちの行動について、各飼育担当者から報告が寄せられました。ゴリラの子コモモは母親のモモコの腕にしがみつき、そこへ、父親のハオコがやってきて2頭を両腕で抱くようにして落ち着かせたそうです。さすがは群れのリーダーと感心しました。

猿山のニホンザルは採食をやめ、一斉に山の上段にあがりました。サル舎のコロブスやクモザルも高い位置で様子をうかがっていました。樹上生活のサルたちは高いところにいれば安心なようで、地上で暮らす動物たちほどはパニックになっていない様子でした。地上性と樹上性の動物の地震に対する反応に差があるようです。

鳥は身を寄せ合うものが多く、ペンギンやペリカンは一塊の群れになって、いつもより早いスピードで泳いでいました。小型のキジのなかまであるコジュケイは余震のたびに尾羽を内側にして円陣を描くように警戒姿勢をとっていました。

キジが「ケッケーッ」と鳴くと地震が起きるといわれています。コジュケイもキジと同じ地上性の鳥で、揺れには敏感なようです。

果たして人間より早く地震を察知した動物がいたでしょうか。アイアイが突然、枝から枝へ激しくジャンプしはじめたので、変だと思ったら、大きな揺れがきたという報告を受けました。こういう観察記録を得られるかどうかは、たまたま飼育係が動物のそばにいたということと、普段とは異なる行動を察知する観察能力にかかっています。

3月11日は多くの職員が動物園に泊まりこみました。前日の点検で動物舎に大きな損傷はなく、動物もみんな無事でしたので、12日は通常通り開園することにしました。自然の猛威に呆然とし、一夜を園長室で過ごし、翌日は朝から対応に追われました。

昼過ぎになって冷静さを取り戻し、園内をまわってみて、土曜日なのに子どものいない、いつもと違う静かな動物園に気づきます。翌日の入園者は、背広にコート、鞄をもったサラリーマンふうの人が多く、一人でたたずみ動物を眺めていました。昨晩、上野駅周辺で過ごし、帰宅難民となった人々でした。

その姿からは、動物たちを見て、なにかホッとしているように見えたのです。地震で動揺している人々の慰めになり、少しでも笑顔が取り戻せる空間として、無料にしてでも動物園を開園しておきたいという気持ちになりました。

ところが、東京都から突然のお達しがあり、17日から閉園することになってしまいました。そして、そのあいだに、東北の被災した動物園・水族館の状況がわかってきました。

福島県いわき市にあるアクアマリンふくしまは津波で冠水し、生き残った動物の緊急避難の要請があり、上野動物園ではヨーロッパカワウソを預かりました。セイウチ、トド、アザラシなど海獣類は鴨川シーワールドなどの水族館が預かりました。仙台市八木山動物公園からは交通網の遮断で予定していたえさが届かず、救援の依頼がありました。

普段からお世話になっている上野警察署の署長さんに事情を話し、緊急物資輸送の許可書を発行していただき、仙台、秋田、盛岡の動物園にえさを届けることができたのです。その後は日本動物園水族館協会加盟の全国の動物園・水族館が協力して支援物資を被災した動物園・水族館に届けました。

国民的動物園として

パンダブームのころ、上野動物園の年間入園者数は７００万人を超えていました。現在は４００万人ですが、それでも上野動物園は世界で最も過密な動物園です。ニューヨークのブロンクス動物園の面積は１４８haと上野の10倍以上あり、年間入園者数は２００万人ですから、入園者密度は上野の20分の1です。

ブロンクス並みにゆったり動物園を楽しんでもらうには、上野動物園の年間入園者数は20万人にまで下げなければなりません。国土面積が日本より狭く、動物園面積もほぼ同じロンドン動物園の年間入園者数は１００万人で、もしロンドンを手本にするとしても上野の年間入園者数は１００万人が理想になります。

ジャイアントパンダがはじめて上野にきたころ、パンダを一目見ようと多くの人が押し寄せました。そんな人々のパンダの思い出として「あのときはパンダのおしりをチラッと見ただけでしたよ」とか「前の人の頭を見ているうちにパンダの前を通過し、実物は見えなかったなあ」などという声をよく聞きました。

ツタンカーメン、ミロのビーナス、モナリザ、ティラノサウルスなど、上野にはよく長蛇の列が出現し「立ち止まらないで見てください」というのが見学マナーのようになってしまいました。だれもが見たものを自分も見たという安心感がよりどころなのかもしれませんが、本当に堪能できたのかと、いつも心配になるのです。

上野動物園は過密対策として、1989年に園内の水族館を葛西に移転しました。この年の入園者数は前年に比べ約150万人もの大幅減になり、葛西の入園者数は300万人を超えました。上野と合わせれば700万人を超え、過密対策は成功したのです。

しかし、葛西への分散だけで、上野の入園者数が4分の3に減少したことは、何か不自然さを感じました。パンダが上野に来た1972年から葛西に水族館が引っ越した前年1988年までの16年間の上野の入園者数を足してみたところ、約1億2千万人にものぼります。

この数字は日本の総人口に一致し、平均すれば、国民の一人一人すべてが上野でパンダを見た勘定になります。パンダをみんなが見たことへの安心感が、上野から葛西へと人々の興味を移す、目には見えない力になったのかもしれません。

ヨーロッパの動物園では古い動物舎が残されていて、なかには本当に文化財として保存されているものがあります。飼育係には使いにくそうですが、伝統を重んじるヨーロッパでは文化財を残すことはあたりまえなのでしょう。一方、アメリカの動物園では、次々と新しい大掛かりな展示を生み出します。歴史や伝統、文化に対する姿勢の違いのようなものを感じたものです。

歴史では、上野も負けてはいません。上野では21世紀になって五代目ゾウ舎を新築するときに、隣接する猿山も壊してより広いゾウの放飼場を造ろうという案もでましたが、実現しませんでした。上野の猿山というと、日本人なら知らない人はいないといってよいほど有名です。

この猿山は1932年に完成したもので、ほころびが目立ち、補修を繰り返しながら使っています。それなのに壊せなかった理由は、修学旅行の待ち合わせ場所になったりした日本国民の大事な思い出の場所だったからなのでしょう。猿山も文化財に近づきつつあると思い、2032年には完成100周年を盛大に祝いたいものです。

猿山は、猛獣やゾウのいなくなった戦争中、キリンと並ぶほどの人気を博しました。戦後しばらくたった1948年から1950年にかけては、鹿児島県屋久島のヤクザルと宮崎県のホンドザルが飼われていましたが、この2群はいざこざが絶えず、追われた宮崎系のオスが脱走し、6日後に南千住で捕まるなど事件も起こしました。

飼いはじめて60年以上が経過しましたが、新しい個体の導入はなく、亜種関係にある2系統の交雑と近親交配が進んでいました。新しい1群を探していたところ、下北半島で駆除されるニホンザルの寄贈を受けることができました。天然記念物として保護されてきた、世界で一番北に生息するサルである下北半島のニホンザルですが、増えすぎて農業被害などが目立ちはじめ駆除されることになり、そのなかから20頭を譲り受けたのです。

２０１０年1月24日、いままでの群れに代わり、下北半島のニホンザルを猿山に放しました。九州のサルに比べ毛が長くふっくらとして色白でおっとりしているように見えましたが、野生の機敏さは失われていませんでした。「カジキ」と名づけた若いオスが軽々と壁を跳び越え脱走してしまい、野生動物の運動能力の高さに脱帽させられました。

下北半島から来たカジキ（右）

カジキを逃がした際には、動物を逃がした不祥事ということで取材を受けたのですが、つい「野生動物の能力はすばらしい」といってしまったようなので、動物を逃がしたのに園長が嬉しそうだったと抗議の電話をいただきました。私は喜怒哀楽が顔に出やすく、お役人としての園長には向いていないように常々感じていましたが、この件でも都庁からお咎めをいただいた次第です。

上野動物園は地元の動物に力を入れています。ならば東京に生息し、被害も出ている奥多摩のサルを飼うのが筋です。しかし、世界中から来園者を迎える上野動物園にとっての地元は「日本」なのです。世界に知られている北限のサルを、上野で世界中の人々に見てほしいと思いました。

日本では各地の動物園に猿山があり、ニホンザルが飼われていますが、ほとんどが関西や九州産で、本物の世界最北のサルである下北半島のニホンザルを飼うのは日本というよりは世界の動物園ではじめてのことだったのです。

上野動物園は戦後の復興期、インドのネール首相からゾウのインディラが贈られた1949年に入園者数が300万人を超えました。この記録はその後59年間にわたり続き、半世紀以上にわたり毎年300万人以上のお客さんを迎えてきました。

終戦後、東京より北には動物園は無く、北海道から東北、北関東の人々にとって、上野は北の玄関口であるとともに、はじめて動物園を経験し、ゾウやキリンに会える街でした。

1951年札幌、1965年仙台、1967年旭川、宇都宮、1973年秋田、1989年盛岡と動物園ができ、いまでは上野より北にも各地に動物園・水族館があります。にもかかわらず、上野は日本各地から修学旅行のたくさんの中学生、高校生を迎えており、都内以外からの来園者も依然として多いのです。

ズーストック計画でライオンがいないあいだ、修学旅行の生徒が「ライオンはいないのですか」と尋ねてきました。

秋田からの生徒だったので、秋田の大森山動物園に行けばライオンがいると話すと「上野動物園で百獣の王ライオンを見たかったのです!」といわれてしまったことを思いだします。

これだけ日本各地で地元の動物園を利用できる時代になっても、上野動物園はだれもが一度は行ってみたい国民的動物園なのです。

イースト新書Q

Q035

動物園《どうぶつえん》ではたらく
小宮輝之《こみやてるゆき》

2017年11月20日　初版第1刷発行

本文DTP　臼田彩穂
編集　安田薫子
発行人　北畠夏影
発行所　株式会社イースト・プレス
東京都千代田区神田神保町2-4-7
久月神田ビル　〒101-0051
tel.03-5213-4700　fax.03-5213-4701
http://www.eastpress.co.jp/
ブックデザイン　福田和雄（FUKUDA DESIGN）
印刷所　中央精版印刷株式会社

ISBN978-4-7816-8035-4

イースト新書Q

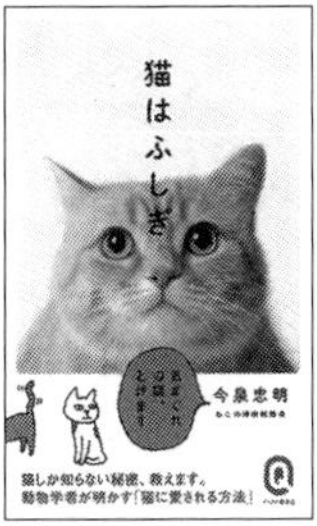

猫はふしぎ　今泉忠明

どうして猫は気まぐれなの？　ノラ猫たちは夜中に集まって何をしているの？　猫はおよそ1万年も昔から人と暮らすようになったが、まだまだ多くの「ふしぎ」がある。また、あまりにも身近なために私たちは人と猫の気持ちは違うということも忘れがちだ。本書では、気まぐれな性格や突飛な行動にかくされた猫の秘密を科学的に解き明かす。知れば知るほど猫の気持ちがわかり、そしてもっと親密になれるはずだ。

飼い猫のひみつ　今泉忠明

ミステリアスで気ままな猫。その祖先は犬と同じ「ミアキス」という動物であり、砂漠地域を生きる「ヤマネコ」を経て、コタツで丸くなる「イエネコ」になる。実は、猫が今の姿になるまでには、自ら進んで人と共生する道を選ぶという瞬間があった。なぜ、猫たちは私たち人と暮らす道を選んでくれたのだろうか？　猫が進化した一万年の謎、中世の世界を旅した猫の受難、謎多き野良猫の暮らしまで、ネコが人を魅了し続けた歴史とひみつを探る。

インコのひみつ　細川博昭

周りから浮かないように空気を読んで振舞ったり、相手を束縛するほど激しい恋に落ちたり、チヤホヤされたくて仮病を使ったり。飼い鳥として最も身近なインコには、実は驚くほどの「脳力」があり、まるで人間と見紛うような複雑な心理を持っています。本書は、知っておきたい健康管理術から気持ちを読み取る方法、インコの本当の幸せまでを科学の目線で解き明かします。イヌでもネコでもウサギでもなく、インコが好きな人におくる、インコの教科書、決定版。

イースト新書Q

宇宙のはじまり　多田将

宇宙はいかに誕生し、今の姿になったのか?　140億年後を生きる人類は、加速器という装置を作り出し、宇宙が生まれた瞬間――100兆分の1秒後にまで迫っている。なぜそんなことができるのか、人気素粒子物理学者がその仕組みをわかりやすく解説。ラーメンをフーフーする理由とは?　マカダミアナッツチョコのナッツだけを人類は食べることができない?　スキーに行った修学旅行生は夜、何をしているのか?――宇宙誕生の謎を巧みな比喩と共に描く。

〈仕事と生き方〉教師という生き方　鹿嶋真弓

日本の中学校教師は世界一多忙!?　生徒との関わり方、授業の工夫、同僚とのつき合い、保護者対応、様々な校内トラブルなど。教育現場が複雑・多様化するなかで、変わらない教師の資質、醍醐味とは何か。30年間、公立中学校の教員として勤務し、いじめや学級崩壊を起こさせない取り組みのひとつである「構成的グループ・エンカウンター」実践者として注目される著者が仕事への想いを語り尽くす。

〈仕事と生き方〉放送作家という生き方　村上卓史

テレビ・ラジオ・ネット番組など、放送業界のあらゆる場面で裏方として活躍する放送作家。顔と名前の知られているごく一部のスター放送作家を除き、その実態は謎に包まれているのではないでしょうか。本書では、放送作家生活30年超のベテランが、企画書出しやテロップ作成などの具体的な仕事内容から、放送作家ならではの魅力、過酷なスケジュールの理由、恋愛事情、アイデアのつくり方、放送作家になるための心得まで、徹底紹介します。